JMPによるデータ分析
［第3版］

――統計の基礎から多変量解析

内田　治・平野綾

東京図書

◎JMP に関する問い合わせ窓口

SAS Institute Japan 株式会社　JMP ジャパン事業部

〒106-6111　東京都港区六本木 6-10-1 六本木ヒルズ森タワー 11F

TEL：03-6434-3780（購入等の問い合わせ）

TEL：03-6434-3782（テクニカルサポート）

FAX：03-6434-3781

E-Mail：jmpjapan@jmp.com

URL：http://www.jmp.com/japan/

◎本書では JMP 15 を使用しています。また、使用しているデータは、
東京図書のホームページ（http://www.tokyo-tosho.co.jp/）から
ダウンロードすることができます。

JMP によるデータ分析

［第 3 版］

―統計の基礎から多変量解析まで―

はじめに

　データを統計解析するという作業は、研究活動の世界においても、企業活動の世界においても、分野を問わず広く実施されています。このことは、統計解析の必要性を物語っています。

　統計解析というと、難しい数式を思い浮かべて、敬遠する人も多くいます。確かに、計算式を理解するには、数学の素養が必要になります。しかし、統計解析においては、数学の知識よりも、目的に応じて、どのようなデータを収集して、どのような解析をすればよいか、解析結果をどのように読み取ればよいかを理解していることのほうが大切です。データが語ることを読み取るための手段が統計解析です。

　本書は統計解析を必要としている初心者を読者の対象としていますが、すでに統計解析を使っている人たちの役に立つように、高度な手法も紹介しています。

　本書の特徴は、JMP を統計解析のツールとして使っていることです。JMP は世界的に有名な統計解析システムの SAS を開発販売している SAS 社の商品です。JMP はグラフ機能に優れた統計解析専用のソフトウェアで、データを視覚的に解析することに重点を置いています。また、解析目的から手法を選択していく進め方や、解析を会話的に進める点も特徴としてあげられます。

　本書の構成は次の通りです。

　第 1 章では、JMP を使ううえで必要な統計用語を説明し、つづいて、JMP の概要と特徴、および、操作の基本について解説しています。また、Excel と連携した使い方を紹介しています。

　第 2 章では、データを数量で表せるデータと、表せないデータの 2 種類に分けて、それぞれの場合について、データのまとめ方を解説しています。

　第 3 章では、2 種類のデータの関係を解析する方法について、解説しています。ここでは、相関分析、分割表、分散分析、ロジスティック回帰といった統計手法が登場します。そして、これらの手法をどのように使い分けるのかも併せて解説しています。

第４章は、３種類以上のデータを解析する多変量解析について解説しています。ここでは、散布図行列、主成分分析、対応分析を取り上げています。多変量解析の目的は、大きく２つに分けることができます。１つは予測と判別、もう１つは要約と分類です。ここで取り上げている手法は、要約と分類のための手法です。

　第５章は、回帰分析を取り上げています。回帰分析は応用範囲が広く、利用頻度も多い手法ですから、本書の中で最も多くの紙面を割いています。ここでは単回帰分析、重回帰分析、多重ロジスティック回帰分析が登場します。

　第６章は、統計解析の中で、最も利用頻度が高く、かつ、最も基本的な統計解析の方法と考えられる仮説検定について解説しています。仮説検定には目的やデータに応じて、多くの手法がありますが、その中でもよく使われる平均値に関する検定（t 検定）と割合に関する検定（χ^2 検定検定）を取り上げて解説しています。さらに、ノンパラメトリック法と呼ばれる検定手法も取り上げています。

　本書で用いた JMP のバージョンは 15 です。しかし、他のバージョンを使われている人にも、多くの場面で参考にしていただけることと思います。本書が JMP を用いて統計解析を行う人たちの一助になれば幸いです。

　最後に、本書の企画から完成まで、東京図書株式会社編集部の松井誠様には多大なご尽力をいただきました。ここに記して感謝の意を表します。また、SAS Institute Japan 株式会社 JMP ジャパン事業部の竹中京子様には、JMP の操作方法に関するご助言をいただきました。ここに御礼を申し上げる次第です。

　2020 年 9 月

内田　治
平野綾子

第3版にあたって

　本書『JMP によるデータ分析』の初版は 2011 年で、そのときの JMP のバージョンは 9
でした。その後、バージョンアップが繰り返され、10 年後の 2020 年の時点でのバージョン
は 15 となっています。本書もバージョンアップに合わせて、初版はバージョン 9、第 2 版
はバージョン 12 で書き直してきました。バージョンが変わっても操作方法には大きな変化
はないものの、結果を示す用語やメニューに若干の違いが出てきています。今般、バージョ
ン 15 に対応する第 3 版を出版することになりました。

　2020 年 9 月

著　　者

目 次

はじめに

第1章　JMP 入門　　1

§1　統計の用語 統計解析の基本となる言葉 ………… **2**

1-1 ● データの種類　2

1-2 ● 変数　4

§2　JMP の使い方 JMP の基本的な機能と操作 ……… **8**

2-1 ● JMP の概要　8

2-2 ● データの入力方法　14

§3　JMP と Excel
JMP と Excel を組み合わせた効率的な活用 ……… **26**

3-1 ● Excel によるデータの入力　26

3-2 ● Excel アドインの活用　30

第2章 1 変量の解析 35

§1 数量データの要約とグラフ化
中心とばらつきを見る ・・・・・・・・・・・・・・・・・・・・・・・・・・ 36

1-1 ● 連続尺度のまとめ方　36

1-2 ● データの層別　56

§2 カテゴリデータの要約とグラフ化
集計して割合を見る ・・・・・・・・・・・・・・・・・・・・・・・・・・ 66

2-1 ● 名義尺度のまとめ方　66

2-2 ● 順序尺度のまとめ方　74

第3章 2 変量の解析 79

§1 2 種類の数量データの解析
対になったデータの関係を見る ・・・・・・・・・・・・・・・・ 80

1-1 ● 関係の把握　80

1-2 ● 連続尺度と連続尺度の関係　82

§2　2 種類のカテゴリデータの解析
組み合わせて割合を見る …………………………………… **96**

2-1 ● 名義尺度と名義尺度の関係　96

2-2 ● 順序尺度と順序尺度の関係　108

2-3 ● 名義尺度と順序尺度の関係　120

§3　数量データとカテゴリデータの解析
数量とカテゴリを組み合わせる ………………… **124**

3-1 ● 名義尺度と連続尺度の関係（連続尺度が目的変数のとき）　124

3-2 ● 連続尺度と名義尺度の関係（名義尺度が目的変数のとき）　134

第4章　**多変量の解析**　**141**

§1　**多変量の相関**　複数の変数同士の関係を見る … **142**

1-1 ● 数値的解析　142

1-2 ● 視覚的解析　146

§2　**主成分分析**　複数の変数を統合する ……………… **150**

2-1 ● 主成分分析の概要　150

2-2 ● 主成分分析の実際　156

§3 **対応分析** カテゴリ同士の関係を視覚化する ‥‥‥ **162**

3-1 ● **クロス集計表の対応分析** 162

3-2 ● **01 型データ表の対応分析** 170

第5章 **回帰分析** **175**

§1 **単回帰分析**

　２つの変数の関係を式と直線で表す ‥‥‥‥‥‥ **176**

1-1 ● **単回帰分析の実際** 176

1-2 ● **単回帰分析における区間推定** 184

§2 **重回帰分析**

　１つの変数の値を複数の変数で予測する ‥‥‥‥ **188**

2-1 ● **重回帰分析の実際** 188

2-2 ● **重回帰分析における変数選択** 200

2-3 ● **多重共線性** 210

§3 **ロジスティック回帰分析**

　１つの変数のカテゴリを別の変数で判別する ‥‥ **216**

3-1 ● **ロジスティック回帰分析の実際** 216

3-2 ● **ロジスティック回帰分析における変数選択** 228

第6章 **仮説検定** **233**

§1 **検定の概要** 検定の目的と用途を理解する ········ **234**

1-1 ● 仮説検定の考え方 234

1-2 ● 仮説検定の進め方 240

§2 **検定の実際**

検定手法を用いた解析を実践する ················· **244**

2-1 ● 2つの平均値の違いに関する検定 244

2-2 ● 対応のある平均値の違いに関する検定 250

2-3 ● 2つの割合の違いに関する検定 256

2-4 ● 順序尺度に関する検定 262

付録 **多重対応分析とCochran(コクラン)のQ検定 265**

参考文献 277

索引 279

装幀◆高橋　敦（LONGSCALE）

第 1 章

JMP 入門

JMP はグラフ機能の優れた統計解析用のソフトウェアです。この章では、最初に JMP の操作に必要となるデータの種類に関する知識と統計用語を解説し、次に、JMP の概要と特色を紹介します。また、JMP の基本的な操作手順と、Excel と連係した使い方も紹介します。

Introduction to JMP

§1 統計の用語
▶ 統計解析の基本となる言葉

1-1 ● データの種類

■データの種類

次のようなデータが得られたとしましょう。

表 1.1 データ表

番号	性別	血液型	資格	年齢(歳)	身長(cm)	体温(℃)
1	男	O 型	1 級	34	179.3	35.8
2	女	A 型	2 級	42	156.2	36.6
3	男	B 型	1 級	29	173.0	36.2
4	男	AB 型	3 級	37	176.6	36.5

上のデータ表の年齢、身長、体温は、数値で示されています。それに対して、性別、血液型、資格のデータは、数値では表現されていません。このように、データは、数値で表現できるものとできないものに分けることができます。

数値で表現できるようなデータを数量データ、数値では表現できずに、種類や所属を示しているようなデータをカテゴリデータといいます。

数量データは、量的データとも呼ばれ、カテゴリデータは、質的データとも呼ばれています。

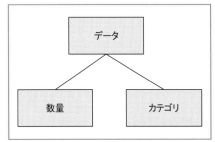

図 1.1　データの種類

■測定の尺度

　カテゴリデータは、性別や血液型のように、種類だけを意味するものと、順番を意味するものに分けることができます。種類を意味するようなデータを名義尺度のデータといい、順番を意味するようなデータを順序尺度のデータといいます。これに対して数量データは、連続尺度のデータと呼ばれています。

　データ解析においては、尺度によって手法を使い分けることが要求されます。

表 1.2　尺度の種類

番号	性別	血液型	資格	年齢(歳)	身長(cm)	体温(℃)
1	男	O 型	1 級	34	179.3	35.8
2	女	A 型	2 級	42	156.2	36.6
3	男	B 型	1 級	29	173.0	36.2
4	男	AB 型	3 級	37	176.6	36.5

　　　　　　　名義尺度　　　　　順序尺度　　　　　　連続尺度

各尺度の例を以下にあげます。

　（例）名義尺度：血液型、国籍、部屋番号 など

　　　　順序尺度：順位（1 位、2 位、3 位）、

　　　　　　　　　評価（S、A、B、C）

　　　　　　　　　満足度（3. 満足、2. ふつう、1. 不満足）など

　　　　連続尺度：時間、身長、体重、温度、距離 など

（注）スティーヴンズ（Stanley Smith Stevens）は、測定尺度の水準を、名義尺度、順序尺度、間隔尺度、比例尺度の 4 つに分けて提唱しています。JMP では、間隔尺度と比例尺度を区別せず連続尺度と呼んでいます。

1-2 ● 変数

■変数の種類

変数とは、測定する項目のことをいいます。先の表 1.1 のデータ表には、性別、血液型、資格、年齢、身長、体温の 6 つの変数があることになります。

性別、血液型、資格のように、カテゴリデータで構成される変数を質的変数といい、年齢、身長、体温のように、数量データで構成される変数を量的変数と呼んでいます。

質的変数は、カテゴリカル変数とも呼ばれ、量的変数は、数値変数とも呼ばれています。

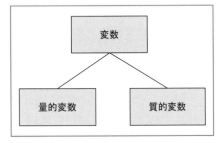

図 1.2　変数の種類

■一変量

次のように、2 種類のデータ表があるとします。

表 1.3　中学生の身長

番号	中学生の身長
1	155.2
2	156.0
3	158.3
4	149.3
5	152.4

表 1.4　小学生の体重

番号	小学生の体重
1	45.6
2	36.3
3	38.3
4	40.5
5	36.1

このようなデータは、中学生の身長と小学生の体重を別々に、すなわち、1 つの変数ごとに解析することになります。1 つの変数の解析を一変量解析あるいは単変量解析といいます。

■二変量

次のデータは、ある中学生5人の身長と体重のデータです。

表 1.5　中学生の身長と体重

番号	身長	体重
1	155.2	53.0
2	156.0	43.8
3	158.3	48.9
4	149.3	53.5
5	152.4	48.8

このようなデータは、2つの変数を組み合わせた解析が行われます。2つの変数を同時に解析することを二変量解析といいます。また、身長と体重を別々に解析する、変数ごとの一変量解析を実施することもできます。

■多変量

次のデータは、表1.5のデータに、足の大きさと性別を加えたものです。

表 1.6　中学生の身長と体重

番号	身長	体重	足の大きさ	性別
1	155.2	53.0	23.0	女
2	156.0	43.8	24.0	男
3	158.3	48.9	24.5	男
4	149.3	53.5	23.0	女
5	152.4	48.8	22.5	女

このデータ表には、身長、体重、足の大きさ、性別の4つの変数があります。3つ以上の変数を同時に解析することを多変量解析といいます。また、一変量ごとの解析や、2つずつ組み合わせた二変量解析も実施することができます。

■目的変数と説明変数

英語の試験の点数と勉強時間というように、一方が結果（試験の点数）で、もう一方が原因（勉強時間）となる2つの変数があるとしましょう。このとき、結果となる変数を目的変数、原因となる変数を説明変数といいます。

また、英語の点数と国語の点数のように、どちらも結果となる場合もあります。もしも、英語の点数から国語の点数を予測したいという場合は、予測したい国語の点数を目的変数、もう一方の英語の点数を説明変数といいます。

■変数とデータ表

次のようなデータ表があるとしましょう。

表 1.7　行が科目、列が学生のデータ表

番号	1	2	3	4	5
英語	90	86	46	54	52
国語	85	76	56	78	54

これは、行を科目（英語と国語）、列を学生（1番から5番）に配置したデータ表です。しかし、統計解析の世界では、行と列を入れ替えた下のような形式で議論するのが一般的です。

表 1.8　行が人、列が科目のデータ

番号	英語	国語
1	90	85
2	86	76
3	46	56
4	54	78
5	52	54

これは列を変数にしているということです。JMPでも、この形式でデータを入力するのが基本です。

■JMP と統計用語

これまでに登場した尺度の種類や変数の種類という話が、これから紹介する JMP では、次のような形で登場します。

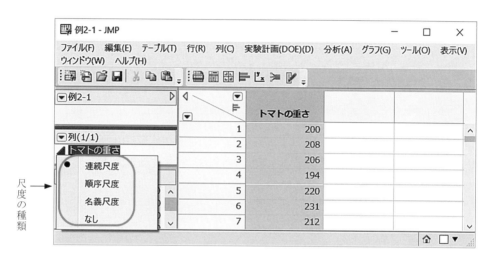

図 1.3　JMP の画面と測定尺度

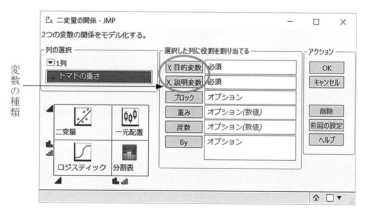

図 1.4　JMP の画面と変数の種類

§2 JMP の使い方
▶ JMP の基本的な機能と操作

2-1 ● JMP の概要

■JMP の特色

JMP は、グラフを用いてデータの視覚化を行いながら、統計解析を実施するためのソフトウェアで、次のような使い方があります。

① 対話的にグラフと表を作成して、データを解析する

② 複数のデータの関係を一度に把握する

③ 統計的モデルを開発して、将来を予測する

④ 統計的モデルを用いて、特定の事象を引き起こす要因を解析する

こうした作業を、簡単な操作で実行してくれます。また、使う解析手法をメニューから選択するという考え方ではなく、解析の目的からメニューを選択していきます。

■JMP の起動

JMP には 2 通りの起動方法があります。

a．JMP アイコンをダブルクリックする

b．既存の JMP ファイルをダブルクリックする

起動すると、最初に [JMP ホームウィンドウ] が表示されます。

このウィンドウの [表示] から [JMP スターター] を選択してみましょう。

ここには、メインメニューまたはツールバーのほとんどが表示されていて、データを整理したり、解析するためのメニューを見つけることができ、このウィンドウからも、操作を開始することができます。以下に［ファイル］カテゴリを例示します。

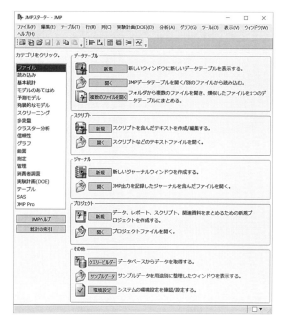

図 1.5　［ファイル］の画面

　このウィンドウでは、データテーブルやテキストを開いたり、作成するためのメニューが表示されています。

　ほかにも、［読み込み］、［基本統計］、［モデルのあてはめ］、［予測モデル］、［発展的なモデル］、［スクリーニング］、［多変量］、［クラスター分析］、［信頼性］、［グラフ］、［曲面］、［測定］、［管理］、［消費者調査］、［実験計画（DOE）］とカテゴリ分けされた機能が用意されており、そこをクリックすると、各手法のウィンドウが表示されます。また、データを入力・整理するときに使う［テーブル］、SASと連係するときに使う［SAS］がスターター画面に装備されています。

　JMPスターターの画面を通じて、JMPには、様々な統計手法が用意されていることがわかります。

■JMP のグラフ

JMP では視覚的な解析を重視しています。作成できるグラフの一部を紹介しましょう。

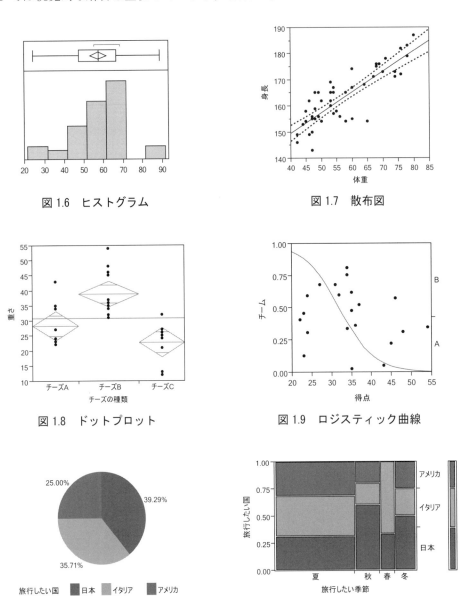

図 1.6　ヒストグラム

図 1.7　散布図

図 1.8　ドットプロット

図 1.9　ロジスティック曲線

図 1.10　円グラフ

図 1.11　モザイク図

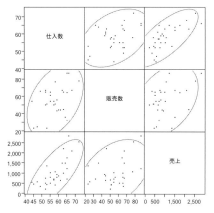

図 1.12　散布図行列

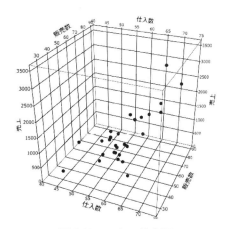

図 1.13　三次元散布図

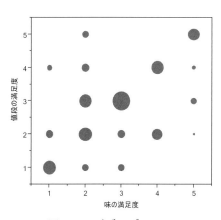

図 1.14　バブルプロット

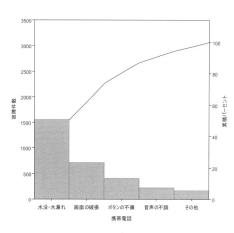

図 1.15　パレート図

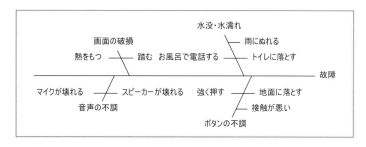

図 1.16　特性要因図

■基本的な解析の進め方

JMP でデータの解析を行うには、次のような手順で進めていきます。

［1］データを JMP に入力する

［2］解析の目的を明確にする

［3］目的に応じた手法を選択する

［4］手法の画面（プラットフォーム）で、解析に必要な事項を指定する

［5］解析を実行して、その結果を確認する

［6］必要に応じて、詳しいグラフや統計量を表示させ、解析を深める

■解析の深め方

解析を実行すると、最初に、基本的なグラフや平均値などの計算結果が表示されます。表示された結果のタイトルバーの横にある赤い三角ボタン（▼）をクリックすると、オプションメニューが表示されるので、詳しい結果を選択して解析を深めていきます。

なお、▼ボタンが表示されているときには、次々と詳細を見ていくことができます。

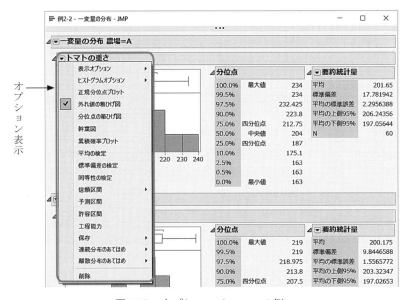

図 1.17　オプションメニューの例

また、JMP では、同じデータを複数の手法で解析し、その結果を並べて表示させることで、さまざまな角度からデータが語ることを同時に読み取ることができます。

　たとえば、体重と身長のような2種類のデータがあるとします。この場合、体重と身長を別々に解析することと、体重と身長を組み合わせて解析することが考えられます。この2つの解析を行ったときには、データ表とそれぞれの解析結果を次のように並べて表示させます。

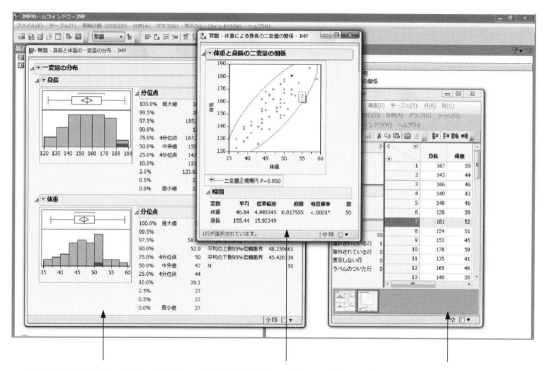

身長と体重を別々に解析した結果　　体重と身長を組み合わせて解析した結果　　　　　データ表

図 1.18　複数の解析結果の同時表示

　このように表示させることで、データの分布や関係を同時に見たり、ウィンドウ間でデータを特定させるなど、複数の解析を効率的に読み取ることができます。

2-2 ● データの入力方法

JMPにデータを入力する方法を説明しましょう。

JMPを起動させ、[JMPホームウィンドウ] のメニューから [ファイル] > [新規作成] > [データテーブル] と選択すると、新しいデータテーブルが現れます。

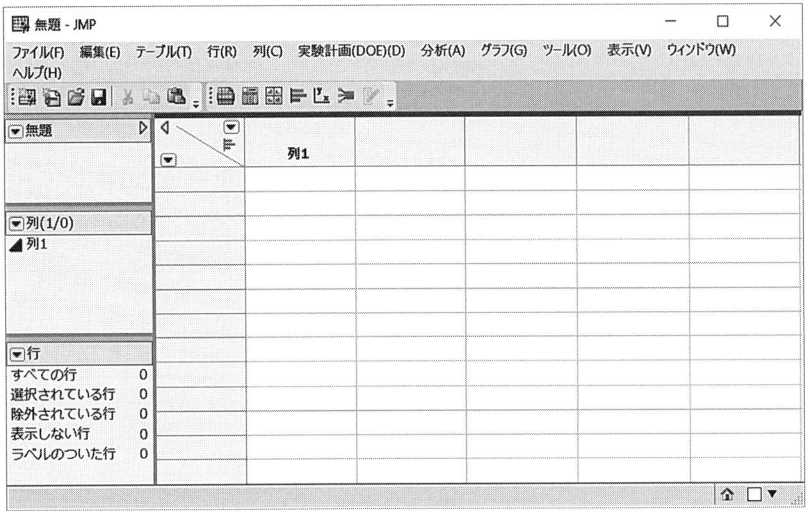

図 1.19　データテーブル

■データの入力

次のデータの例を入力していきましょう。

表 1.9　データ例

氏名	性別	年齢	資格
A	男	34	1級
B	女	42	2級
C	男	29	1級
D	男	37	3級

[列 1] をダブルクリックします。

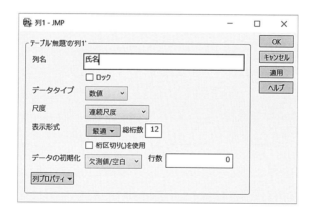

次のようなプラットフォームが現れたら、[列名] に「 氏名 」と入力し、[OK] をクリックします。

列名が「 氏名 」に変更されました。

手順 2 データを入力する

次のように列名の下にデータを入力していきます。

手順 3 新しい列を追加する

「氏名」の右の列をダブルクリックすると、新しい列 [列 2] が追加されます。

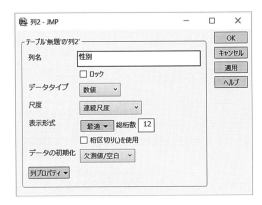

もう 1 度 [列 2] をダブルクリックすると、右のようなプラットフォームが現れます。[列名] に「性別」と入力して、[OK] をクリックします。

「 性別 」という列名に変更されました。続いて、「 男 」「 女 」を入力していきます。

以降、同様の手順でデータを入力していくと、最終的に次のようなデータ表が作成されます。

　作成されたデータ表を見ると、文字は左寄せ、数値は右寄せで表示されています。この段階では、JMPは、文字を名義尺度のデータ、数値を連続尺度のデータとして認識します。したがって、氏名、性別、資格は名義尺度、年齢は連続尺度と認識されています。続いて、測定尺度の変更方法について説明します。

■測定尺度の変更

　JMP では、データを入力
すると、列ごとにデータの
測定尺度が自動で設定され
ます。

　　 🔳 名義尺度

　　 🔳 順序尺度

　　 🔳 連続尺度

　尺度は、データテーブル
の左側に表示されます。

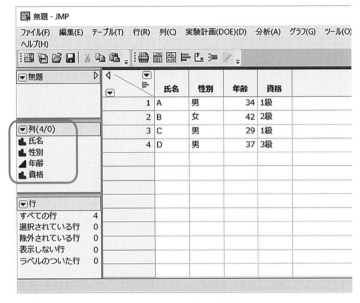

図 1.20　尺度の種類

　JMP の特徴として、尺度
の種類によって、分析手法
が自動的に選択されます。
尺度を変更したいときは、
尺度記号（ 🔳、🔳、🔳 ）
をクリックし、変えたい尺
度に変更します。

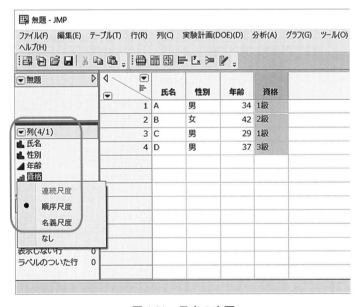

図 1.21　尺度の変更

■値のラベル

　入力したデータには、ラベルをつけることもできます。

　たとえば、性別のように男、女と漢字で入力するのが面倒なときには、数字で「１」「２」
と入力しておき、入力後に一括して、「１」に「男」、「２」に「女」というラベルを
つけることができます。

手順 ①　データを入力する

　先の例の性別を「１」「２」と入力した場合は、次のようなデータ表になります。

手順 ②　値にラベルをつける

　「性別」という列名をクリックし、メニューから ［列］>［列情報］と選択します。

右のようなプラットフォームが現れるので、
［ 列プロパティ ］＞［ 値ラベル ］と選択しま
す。

　性別は名義尺度なので、
　　　　　　［ データタイプ ］→［ 文字 ］
　　　　　　［ 尺度 ］　　　　→［ 名義尺度 ］
と変更します。

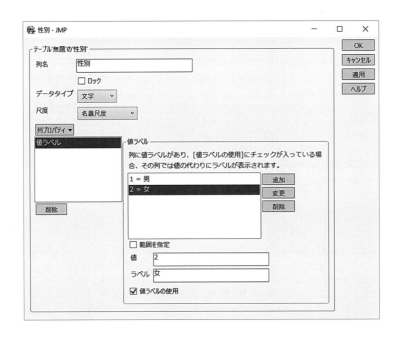

続いて

　　　　[値]　　→「 1 」

　　　　[ラベル]→「 男 」

と入力し、[追加] をクリックすると、値ラベルに [1＝男] と表示されます。

　同様に

　　　　[値]　　→「 2 」

　　　　[ラベル]→「 女 」

と入力し、[追加] をクリックすると、値ラベルに [2＝女] と表示されます。

　[OK] をクリックします。

　この作業により、「 1 」「 2 」と入力していた性別が、「 男 」「 女 」に変換されました。

「 資格 」の列も「 1 」「 2 」「 3 」と数字で入力してから「 1級 」「 2級 」「 3級 」
と変換することができます。

■集計済みのデータを入力するとき

　次のような集計済みのデータがあるとしましょう。

表 1.10　集計済みデータ

資格	1 級	2 級	3 級	4 級
人数	3	1	6	2

このデータが集計前であれば、次のようにデータを入力します。

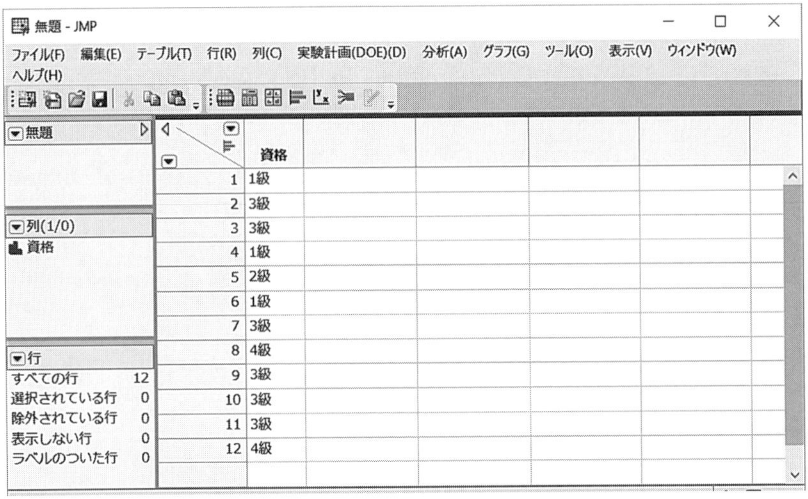

図 1.22　原データを入力した画面

　すでに集計済みのデータが得られている場合は、集計表の形式でデータを入力してもかまいません。後で解析するときに、「 人数 」を［ 度数 ］と設定することで、原データを入れたときと同じ解析を行うことができます。

図 1.23　集計済みのデータを入力した画面

別の集計表の例も紹介しましょう。

次のような2種類のデータを組み合わせた集計表のことを分割表（クロス集計表）といいます。

表 1.11　分割表

	1級	2級	3級	4級
男	1	4	2	1
女	2	3	0	5

この表は、男で1級の資格を持っている人が1人、女で1級の資格を持っている人が2人いることを示しています。

データが分割表のときも、このまま入力してもかまいません。ただし、この形式では、さまざまな解析をJMPで実行することができません。そこで、このようなときには積み重ね機能を使って、データの形式を変更します。

手順 ①　データを入力する

分割表の形式で、次のようにデータを入力します。

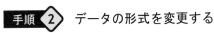

手順 ② データの形式を変更する

メニューから［テーブル］＞［列の積み重ね］と選択します。

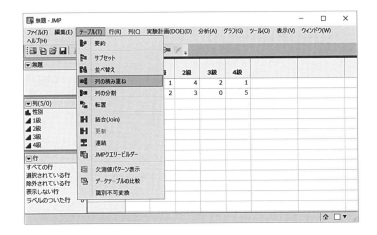

プラットフォームが現れたら、

　　　　［積み重ねる列］→「1級」「2級」「3級」「4級」

と設定し、［OK］をクリックします。

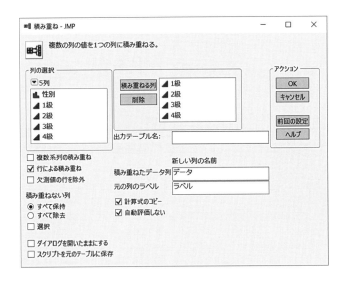

新しいデータテーブルが作成され、データ形式も変更されます。

列名の [ラベル] を「 資格 」、[データ] を「 人数 」と変更すると、わかりやすくなります。

 列の移動

データテーブルの列の順序を変更したいときには、次の手順で行うことができます。

移動したい列名をクリックし、メニューから

    [列] > [列の並べ替え] > [選択列を移動]

と選択すると、右のようなプラットフォームが現れます。

移動させたい場所を指定し、[OK] をクリックすると、列名が指定の場所へ移動します。

§3 JMPとExcel

▶ JMP と Excel を組み合わせた効率的な活用

3-1 ◉ Excelによるデータの入力

■Excel によるデータの入力方法

Excel は、汎用性の高い表計算ソフトで、データの入力を Excel で行う人が多いと思われます。そこで、Excel に入力したデータを JMP で読み込む方法を紹介していきます。なお、ここでは Excel 2019 を使用した場合を前提に解説します。

Excel で入力したデータを読み込むには、以下の方法があります。

［1］Excel のデータをコピー・ペーストする
［2］Excel のファイルを読み込む
［3］Excel のアドインを使う（次節）

右のデータを Excel に入力するとしましょう。

表 1.12　データ例

番号	体重	性別	種目
1	50.0	女	短距離走
2	52.0	女	短距離走
3	51.5	女	高跳び
4	48.5	女	短距離走
5	77.6	男	高跳び
6	65.4	男	高跳び
7	57.3	男	短距離走
8	49.5	女	短距離走
9	52.9	女	短距離走
10	67.1	男	高跳び

[1] Excelのデータをコピー・ペーストする方法

手順 ① Excel へデータを入力する

次のようにデータを入力します。

手順 ② 読み込みたいデータをコピーする

読み込みたい範囲をドラッグし、右クリックで［ コピー ］を選択します。

手順 ③ JMP のデータテーブルを開く

JMP を起動し、メニューから［ ファイル ］>［ 新規作成 ］>［ データテーブル ］と選択し、新規のデータテーブルを開きます。

手順 ④ データテーブルにデータを貼り付ける

メニューから［編集］>［列名とともに貼り付け］と選択します。

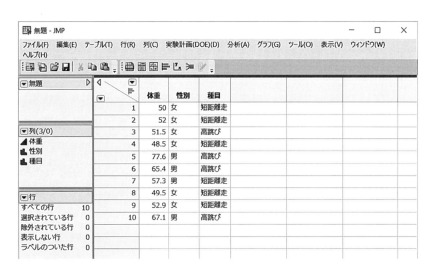

　次のように、Excel の 1 行目にあるデータのタイトルを列名として、貼り付けることができます。

　※ Excel 上のデータ表の 1 行目が、タイトルではなくデータから始まるときには、メニューから［編集］>［貼り付け］と選択します。

[２] Excel のファイルを読み込む方法

手順 ① JMP を起動する

JMP を起動し、メニューから [ファイル] > [開く] と選択します。

手順 ② ファイルを選択する

ファイル形式を [Excel ファイル] とし、読み込みたい Excel ファイルを選択します。

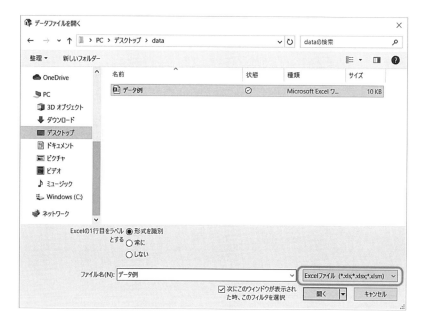

[開く] をクリックすると、Excel 読み込みウィザードが現れるので [読み込み] をクリック。Excel の１行目が、列名として JMP に読み込まれます。

※ Excel ファイルに存在するすべてのシートに対して、データテーブルが作成されます。

3-2 ◉ Excelアドインの活用

■Excel アドイン

　JMPには、ExcelとJMPをスムーズに連係させるためのExcelアドインが用意されています。JMPをインストールしてからExcelを起動すると、Excelのメニューバーに［ JMP ］が追加されます。

図 1.24　Excel に追加された JMP 用アドイン

　以下に、「JMP への転送機能」について紹介します。

■環境設定

　JMP へデータを転送する際の環境設定を行います。

　［ 環境設定 ］をクリックすると、次のようなプラットフォームが現れ、Excel ファイルを読み込んだときの、データテーブル名や列名の設定ができます。

　たとえば、Excel に入力したデータの 1 行目がタイトルのときには、［ 先頭行を列名として使用 ］にチェックを入れ、その際に、［ 列名として使用する行数 ］に「 1 」と入力して、［ OK ］をクリックします。

■データテーブル

選択したデータを JMP のデータテーブルへ転送する機能です。

転送したいデータを選択し、[データテーブル]をクリックすると、JMP へデータが転送されます。

■グラフビルダー

選択したデータをグラフビルダープラットフォームへ転送します。グラフビルダーとは、グラフを自由に設計することができる機能です。

転送したいデータを選択し、[グラフビルダー]をクリックします。

次のページのように、グラフビルダーのプラットフォームが現れます。

　[Y]、[X]、[グループ Y]、[グループ X] に列名をドラッグ＆ドロップすると、グラフが描写されます。

　たとえば、[X] に「 体重 」をドラッグした場合は、次のようになります。

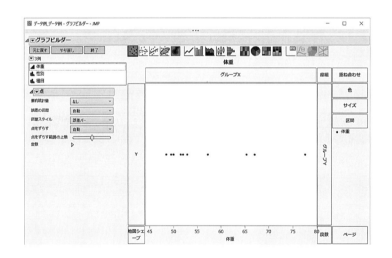

　点グラフをヒストグラムに変更したい場合は、グラフ内にカーソルを合わせ、右クリックで [点] > [変更] > [ヒストグラム] と選択すると、点グラフがヒストグラムに変更されます。

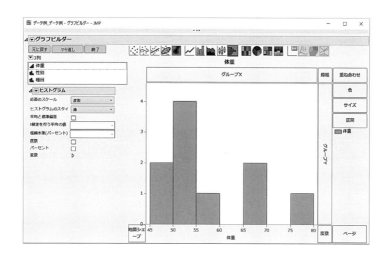

　体重を種目でグループ分けしたい場合は、[グループ Y] に「 種目 」をドラッグすると、種目で層別されたヒストグラムが作成されます。

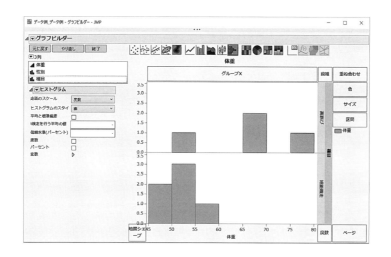

　上の図ではグラフを縦に並べて比較していますが、[グループ X] に「 種目 」をドラッグすると、グラフを横に並べて比較することができます。
　このように、列名をグラフの軸や項目にドラッグ＆ドロップすることで、プラットフォームを切り替えずにグラフの作成や比較ができます。

■一変量の分布

選択したデータを一変量の分布プラットフォームへ転送します。

一変量の分布は、データの分布状態を示すグラフや計算結果を見るためのものです。

転送したいデータを選択し、[一変量の分布] をクリックします。

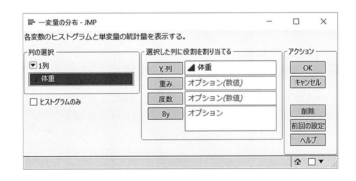

次のようなプラットフォームが現れたら、[Y,列] → 「 体重 」と選択します。

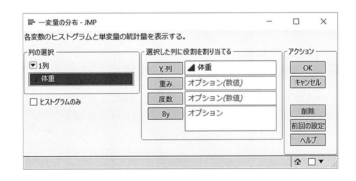

[OK] をクリックすると、一変量の分布にあるさまざまな解析結果が得られます。具体的な解析結果や、その読み取り方法については、第2章で解説します。

以上のように、Excel 上でアドイン機能を活用すると、自動的に JMP が起動し、Excel と JMP を併用した解析を行うことができます。

第2章

1変量の解析

収集したデータの集まりから、データの特徴を読み取るには、個々のデータを眺めているだけでは不十分で、データの特徴を表す数値にまとめたり、グラフ化する必要があります。この章では、その方法を紹介します。データのまとめ方とグラフ化の方法は、数量データかカテゴリデータかによって変える必要があることも学びましょう。

Univariate Analysis

§1 数量データの要約とグラフ化

▶ 中心とばらつきを見る

1-1 ● 連続尺度のまとめ方

例題 2-1

　ある農家の経営者が、栽培しているトマトの品質を調査するために、トマトを 100 個選び、その重量（g）を測定した結果、次のデータが得られた。このデータを要約、グラフ化して、わかることをまとめよ。

表 2.1　データ

200	211	201	187	231
208	224	184	181	230
206	216	175	201	187
194	206	187	199	179
220	195	181	195	187
231	170	201	208	203
212	175	199	212	206
198	230	195	219	193
207	210	208	212	202
204	202	212	209	190
202	213	219	192	184
205	208	212	163	205
190	193	209	176	195
201	221	192	216	203
204	215	163	204	212
190	214	176	203	207
200	183	234	214	218
220	183	204	199	206
203	189	184	180	210
201	204	175	222	197

■数値的まとめ方と視覚的まとめ方

数量データには、次の2つのまとめ方があります。

① 分位点、平均値、標準偏差などを計算して数値的にまとめる方法

② ヒストグラムや箱ひげ図などのグラフを用いて視覚的にまとめる方法

どちらの方法も、データの「中心位置」と「ばらつき（散らばり）の大きさ」を把握することを目的とします。中心位置を把握するには平均値や中央値、ばらつきの大きさを把握するには標準偏差などの数値が使われますが、このような数値は収集したデータを使って計算され、統計量（要約統計量）と呼ばれています。

■分位点

分位点は、全データの何%がその値以下に含まれているかを示しています。

100%：最大値

75%：この数値以下が、データの75%を含むことを示す値

50%：この数値以下が、データの50%を含むことを示す値（中央値）

25%：この数値以下が、データの25%を含むことを示す値

0%：最小値

この例題では、右のように計算されます。

表2.2 「トマトの重さ」の分位点

トマトの重さ		
分位点		
100.0%	最大値	234
99.5%		234
97.5%		231
90.0%		219.9
75.0%	四分位点	211.75
50.0%	中央値	203
25.0%	四分位点	190.5
10.0%		180.1
2.5%		166.675
0.5%		163
0.0%	最小値	163

分位点の値から、次のことがわかります。

- 100 個のトマトは 163g から 234g の間でばらついている
- 211.75g 以下のトマトが全体の 75% を占める
- 203g　　 以下のトマトが全体の 50% を占める
- 190.5g　 以下のトマトが全体の 25% を占める

■要約統計量

平均値や標準偏差などの統計量が表示されます。

表 2.3 「トマトの重さ」の要約統計量

トマトの重さ	
要約統計量	
平均	201.06
標準偏差	15.071426
平均の標準誤差	1.5071426
平均の上側95%	204.0505
平均の下側95%	198.0695
N	100

◇平均値

平均値は、中央値と同じようにデータの中心位置を示すもので、全データの合計値をデータの数で割った値です。

個々のデータを $x_1, x_2, \cdots, x_n$ と表すと、平均値 $\bar{x}$ は、次のような式で計算されます。

$$\bar{x} = \frac{1}{n}(x_1 + x_2 + \cdots + x_n)$$

(注) n はデータの数です。JMP では、大文字で表示されています。

トマトの重さの平均値は 201.06（g）となっています。

◇標準偏差

　標準偏差 s は、個々のデータと平均値との差（これを偏差という）の2乗を平均し、その平方根をとった値です。標準偏差を見ることで、データのばらつきの大きさがわかります。

　いま、偏差の2乗の合計を S とすると、次のような式で計算されます。

$$s = \sqrt{\frac{S}{n-1}}$$

　トマトの重さの標準偏差は 15.071（g）となっています。

◇標準誤差

　平均の標準誤差とは、標準偏差をデータ数の平方根で割った値で、母平均（真の平均）を推定するときの誤差を意味し、次のような式で計算されます。

$$\frac{s}{\sqrt{n}}$$

　標準誤差の値から、重さの平均値はデータをとるたびに±1.5071（g）ほど、ばらつくことがわかります。

◇母平均の 95% 信頼区間

　母平均は、95% の確率で 198.069〜204.050（g）の間に含まれていることがわかります。

■ヒストグラム

　ヒストグラムとは、縦軸を度数（データの数）、横軸をデータの区間とした棒グラフです。数量データを整理するのに使われ、棒と棒の間を離さないのが一般的です。棒と棒の間を離さないのは、数量データは連続尺度と考えるからです。

　ヒストグラムを作成して、データの分布状況を把握するには、データの数が 50 以上あることが望ましいと言われています。

　ヒストグラムとはどのようなグラフかを次に示します。

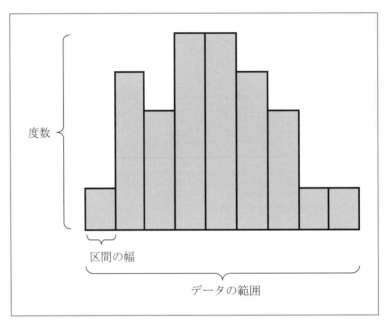

図2.1　ヒストグラムの基本

ヒストグラムを見ることで、次のことが確認できます。

① 中心の位置

② ばらつきの状態

③ 分布の形

④ 外れ値（飛び離れた値）の有無

ヒストグラムの形が右図のように中心から左右対称にばらついているとき、データは正規分布しているといいます。

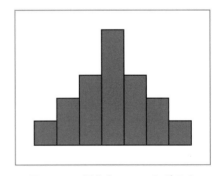

図2.2　正規分布のヒストグラム

この例題のデータをヒストグラムにすると、次のようになります。

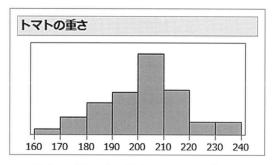

図 2.3 「トマトの重さ」のヒストグラム

ヒストグラムから、重量は正規分布していると見てよいでしょう。トマトの重量は、200
～210（ｇ）のものが、多いことがわかります。

■箱ひげ図

箱ひげ図は、ヒストグラムと同様に、分布の歪みや外れ値の有無を把握するためのグラフ
です。

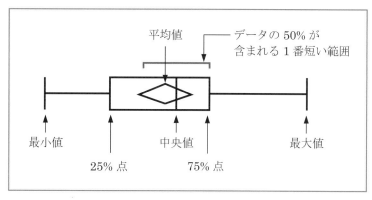

図 2.4 箱ひげ図の基本

正規分布しているとき、箱ひげ図は次のような形になります。

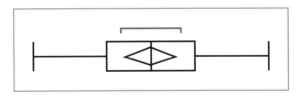

図 2.5　正規分布の箱ひげ図

・平均値と中央値が一致している

・中央値が箱の真ん中に位置している

・外れ値がない

この例題の箱ひげ図は、次のようになります。

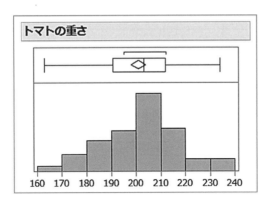

図 2.6　「トマトの重さ」の箱ひげ図とヒストグラム

箱ひげ図から、トマトの重さに外れ値はなく、分布の歪みもないことがわかります。

【JMP の手順】

手順①　データの入力

次のようにデータを入力します。

手順②　手法の選択

メニューから［ 分析 ］>［ 一変量の分布 ］と選択します。

右のようなプラットフォームが
現れます。

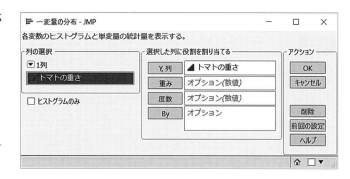

[Y, 列]
　　　→「 トマトの重さ 」
と設定して [OK] をクリックし
ます。

　右のような結果が表示されます。

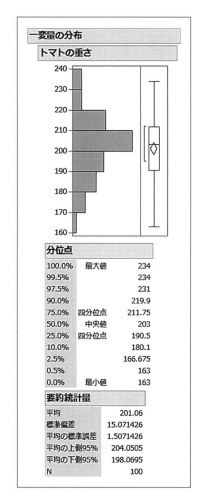

●レイアウトを変更する方法

ヒストグラムを縦型にしたり、表の位置を変えたりするときには、次のようにします。
［ 一変量の分布 ］の▼ボタンをクリックし、［ 積み重ねて表示 ］と選択します。

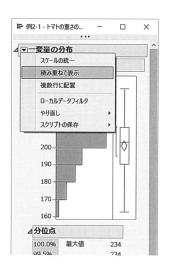

次のようにレイアウトが変更されます。

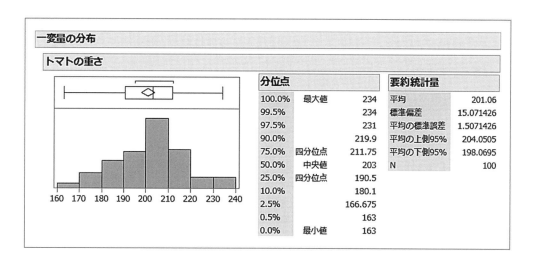

●度数や度数軸を表示する方法

ヒストグラムに度数や度数軸を表示するときには、次のようにします。

［ トマトの重さ ］の🔽ボタンをクリックし、［ ヒストグラムオプション ］＞［ 度数の表示 ］、［ 度数軸 ］と選択します。

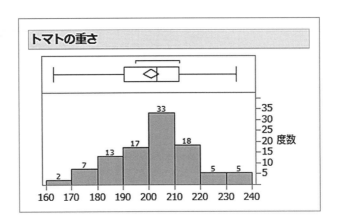

●棒の幅、棒の数の変更（方法１）

ヒストグラムの棒の幅や数を変えると、ヒストグラムの形が大きく変わることがあります。

したがって、分布の形を見るときには、棒の幅や数を変えてみることも必要です。棒の幅は次のような手順で変更できます。

プラットフォーム内の太線にカーソルを合わせると、メニューバーが表示されます。

［　手のひらツール　］を選択します。

ヒストグラムをクリックしたままカーソルを動かすと、区間が変更され、度数が再計算されます。

↑上に動かすと、区間幅が狭くなる　　　　　　　↓下に動かすと、区間幅が拡くなる

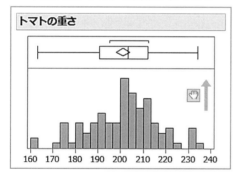 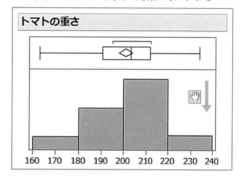

●棒の幅、棒の数の変更（方法2）

　棒の数は「データ数の平方根の値」を目安にすると良いと言われています。この例題では、100 個のデータがありますから、棒の数は $\sqrt{100}$ で 10 本程度がよいでしょう。JMP では、棒の幅を調整することで、棒の数を変更することができます。棒の幅は次のような手順で変更できます。

　［　トマトの重さ　］の ▼ ボタンをクリックし、［　ヒストグラムオプション　］＞［　棒の幅の設定　］と選択します。

次のようなプラットフォームが現れます。

[棒の幅] → [8] と設定して、[OK] をクリックします。

(注) 棒の幅 $= \dfrac{\text{最大値} - \text{最小値}}{\text{棒の数}} = \dfrac{234 - 163}{10} = 7.1 \to 8$

次のように、ヒストグラムの棒の幅と数が変更されます。

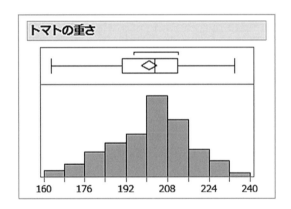

■正規分位点プロット

　データが正規分布しているかどうかはヒストグラムや箱ひげ図などにより、検討することができますが、詳細に検討するには、次に示すような正規分位点プロットと呼ばれるグラフを使います。

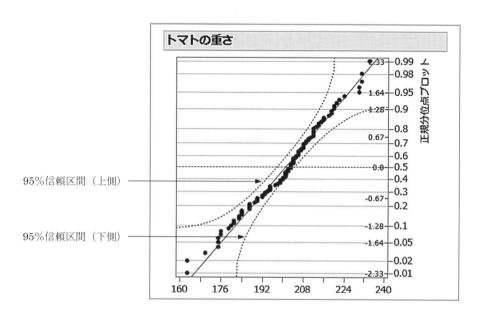

図2.7　「トマトの重さ」の正規分位点プロット

　プロットされた点が直線状に散らばっていて、95％信頼区間の内側に各点が入っていれば、正規分布にしたがっていると見ることができます。

　JMPで正規分位点プロットを表示するには、［　トマトの重さ　］の▼ボタンをクリックし、［　正規分位点プロット　］と選択します。

■累積確率プロット

　分位点は、あるパーセント以下のトマトの重量を見るのに適していますが、トマトの重量が、ある重さ以下のときの割合を見るときには不向きです。このようなときには、累積確率プロットを表示させると良いでしょう。

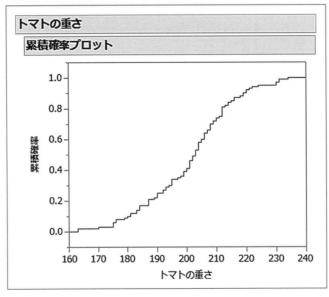

図 2.8 「トマトの重さ」の累積確率プロット

　　累積確率プロットを表示するには、[トマトの重さ] の ▼ ボタンをクリックし、[累積確率プロット] と選択します。

■幹葉図

　幹葉図は、幹とよばれる縦線の左側の桁と、葉とよばれる右側の桁に分けて表現した図です。ヒストグラムでは、棒の中の具体的な値を知ることはできませんが、幹葉図では、データの詳細な値を知ることができます。

```
トマトの重さ

幹葉図

幹  葉                         度数
23  00114                      5
22
22  00124                      5
21  566899                     6
21  001222222344               12
20  55666677888899             14
20  0011111222333344444        19
19  555578999                  9
19  00022334                   8
18  77779                      5
18  01133444                   8
17  555669                     6
17  0                          1
16
16  33                         2

16|3は163を表す
```

図 2.9　「トマトの重さ」の幹葉図

　この幹葉図は、トマトの重さの最初の 2 桁を | の左に、最後の 1 桁目を | の右に、値の小さい順に並べたものです。幹葉図を見ると、トマトの重量は、200〜204（g）が最も多いことを発見することができます。

　幹葉図を表示するには、［ トマトの重さ ］の▼ボタンをクリックし、［ 幹葉図 ］と選択します。

■歪度と尖度

　ヒストグラムを見ることで、分布がどのような形をしているかを把握することができますが、形を数値で表現したものとして、歪度と尖度があります。

　正規分布のときには、歪度も尖度も 0 となります。ただし、実際のデータで、ちょうど 0 になることは、まずないでしょう。

　歪度は、左右非対称で、大きい方（右）に裾を引いているときには＋、小さい方（左）に裾を引いてるときには－となります。

　尖度は、中心が尖っていて裾が長いときには＋、平坦で裾が短いときには－となります。

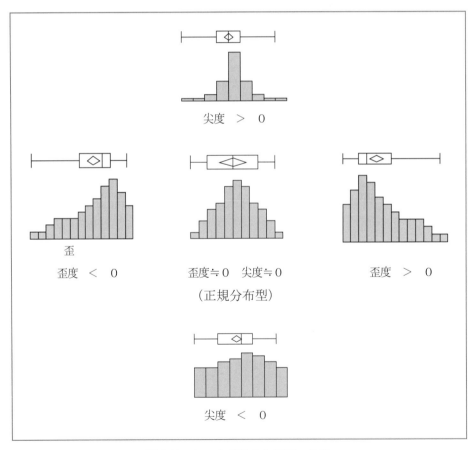

図 2.10　ヒストグラムと歪度・尖度

■変動係数

　データのばらつきの大きさは、標準偏差で把握することができますが、「体重と身長では、どちらのばらつきが大きいか」といった、単位の異なる測定値の比較には使うことができません。このようなときには、変動係数と呼ばれる数値が役に立ちます。

　変動係数は、標準偏差を平均値で割って、%表示した（100をかけた）ものです。

　歪度、尖度、変動係数を表示するには、［ 要約統計量 ］の ▼ ボタンをクリックし、［ 要約統計量のカスタマイズ ］と選択。［ 歪度 ］、［ 尖度 ］、［ 変動係数 ］にチェックを入れ、［ OK ］をクリックします。

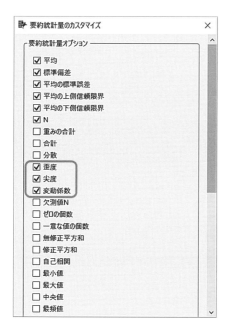

表 2.4　「トマトの重さ」の
歪度・尖度・変動係数

トマトの重さ	
要約統計量	
平均	201.06
標準偏差	15.071426
平均の標準誤差	1.5071426
平均の上側95%	204.0505
平均の下側95%	198.0695
N	100
歪度	-0.24764
尖度	-0.080505
変動係数	7.4959842

■外れ値のある例

外れ値とは、飛び離れた値のことです。外れ値が発生したときには、その原因を調査する必要があります。原因としては、測定ミス・記録ミスもよく見られます。

外れ値は、ヒストグラムを作成すると、離れ小島として現れます。

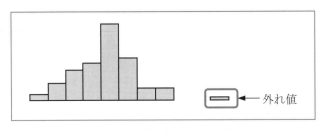

図 2.11　外れ値のあるヒストグラム

箱ひげ図では、外れ値がひげの外にプロットされるようになっています。

図 2.12　外れ値のある箱ひげ図

JMP では外れ値がある場合、それが何行目のデータかを特定することができます。この例題には、当初外れ値はありませんでしたが、100 行目のデータを 197 から 267 に変えて、再度解析をしました。今度は外れ値が存在しています。この外れ値が 100 行目のデータであることは、箱ひげ図の外れ値にカーソルを合わせるとデータの行番号が表示され、次のページのように確認することができます。

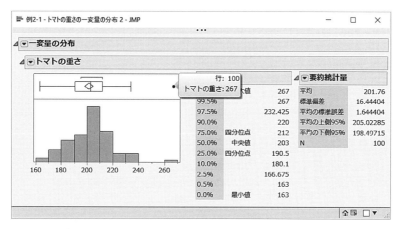

図 2.13　外れ値の特定

 分位点の計算における JMP と Excel の違い

　JMP では 100 個のデータがあるとき、25％点や 75％点を次のように計算しています。

　　75％点　＝　75 番目の値×0.25＋76 番目の値×0.75

　　25％点　＝　25 番目の値×0.75＋26 番目の値×0.25

　Excel 2019 で分位点を求めるには、［ PERCENTILE.INC ］という関数を使います。Excel は次のような計算を行うので、JMP とは異なる結果を出力します。

　　75％点　＝　75 番目の値×0.75＋76 番目の値×0.25

　　25％点　＝　25 番目の値×0.25＋26 番目の値×0.75

　JMP では、中央から離れたほうに重みをつけているのに対して、Excel 2019 では、中央に寄せた値となっています。

　Excel 2010 から、［ PERCENTILE.EXC ］という関数が新たに追加され、こちらの関数を使うと、JMP の結果と一致します。

1-2 ◉ データの層別

例題 2-1 で調べたトマトは、2 か所の農場（A・B）で栽培されていた。農場別に
データをまとめ、農場の違いを比較せよ。

表 2.5　データ

重さ	農場	重さ	農場	重さ	農場	重さ	農場	重さ	農場
187	A	199	A	222	A	206	B	189	B
179	A	203	A	220	A	205	B	208	B
207	A	231	A	206	A	187	B	212	B
210	A	203	A	224	A	208	B	192	B
216	A	184	A	212	A	219	B	206	B
194	A	213	A	221	A	198	B	218	B
220	A	175	A	184	A	204	B	190	B
210	A	219	A	175	A	187	B	212	B
216	A	201	A	230	A	208	B	183	B
195	A	234	A	209	A	204	B	193	B
200	A	199	A	175	A	201	B	202	B
183	A	176	A	204	A	202	B	199	B
176	A	163	A	230	A	192	B	195	B
197	A	212	A	212	A	181	B	214	B
215	A	203	A	204	A	190	B	193	B
170	A	187	A	212	A	214	B	201	B
205	A	195	A	190	A	201	B	180	B
209	A	211	A	200	A	203	B	195	B
163	A	206	A	207	A	201	B	204	B
184	A	231	A	181	A	208	B	202	B

この例題のように、名義尺度でデータを分けることを層別といいます。異質なデータが混在すると、データから得られる結果を見誤ることがあるため、層別という考え方は重要です。

　層別は、

　　① 層を比較したい

　　② 層ごとに解析をしたい

という2つの目的で行われます。

　比較をすることが主目的のときには、グラフや表を視覚的に比べやすくなるように作成する必要があります。データ解析の場面では、体重を男女で層別する、給与を役職で層別する、というような言い方をします。

【JMP の手順】

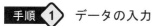 データの入力

　次のようにデータを入力します。

	トマトの重さ	農場
1	187	A
2	179	A
3	207	A
4	210	A
5	216	A
6	194	A
7	220	A
8	210	A
9	216	A
10	195	A

メニューから［ 分析 ］＞［ 一変量の分布 ］と選択します。

次のようなプラットフォームが現れます。

　　　　　　　［ Y, 列 ］→「 トマトの重さ 」

　　　　　　　［ By ］　→「 農場 」　　　　　　※層別に使う変数が「農場」

と設定して、［ OK ］をクリックします。

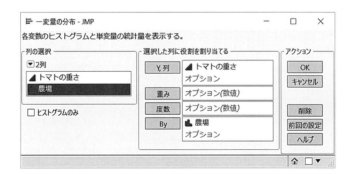

次のような結果が表示されます。（レイアウト変更済み）

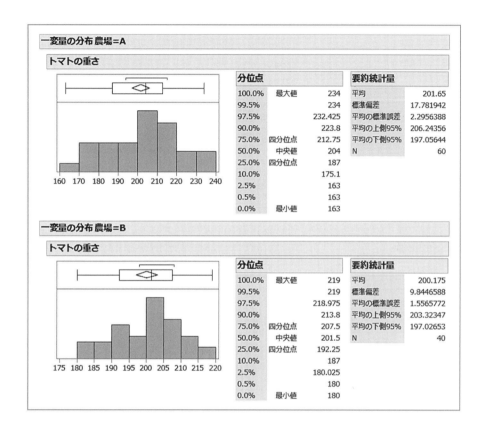

一変量の分布 農場＝A

トマトの重さ

分位点		
100.0%	最大値	234
99.5%		234
97.5%		232.425
90.0%		223.8
75.0%	四分位点	212.75
50.0%	中央値	204
25.0%	四分位点	187
10.0%		175.1
2.5%		163
0.5%		163
0.0%	最小値	163

要約統計量	
平均	201.65
標準偏差	17.781942
平均の標準誤差	2.2956388
平均の上側95%	206.24356
平均の下側95%	197.05644
N	60

一変量の分布 農場＝B

トマトの重さ

分位点		
100.0%	最大値	219
99.5%		219
97.5%		218.975
90.0%		213.8
75.0%	四分位点	207.5
50.0%	中央値	201.5
25.0%	四分位点	192.25
10.0%		187
2.5%		180.025
0.5%		180
0.0%	最小値	180

要約統計量	
平均	200.175
標準偏差	9.8446588
平均の標準誤差	1.5565772
平均の上側95%	203.32347
平均の下側95%	197.02653
N	40

手順 3 区間軸の統一

　ヒストグラムの区間の軸が統一されていないと直接比べることができません。そこで、ヒストグラムの区間の軸を統一します。

　［ 一変量の分布　農場＝A ］の▼ボタンをクリックし、［ スケールの統一 ］と選択。
　［ 一変量の分布　農場＝B ］の▼ボタンをクリックし、［ スケールの統一 ］と選択。

ヒストグラムの棒の幅と数が統一され、比較しやすくなります。

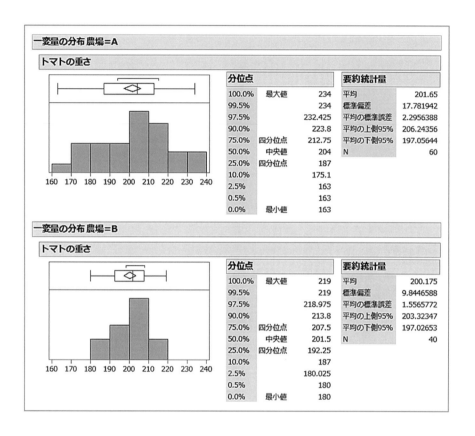

AとBの統計量やグラフを比べてみると、重量の平均値に大きな差はないことがわかります。一方、標準偏差やヒストグラムから、農場Aのトマトは、農場Bに比べて重量のばらつきが大きいことがわかります。

AとBの違いを探ることで、Aのばらつきを小さくするヒントが得られるでしょう。

●グラフの選択機能を利用した層別の方法

次に紹介する方法でも、層の比較をすることができます。

 データの入力（例題2－2と同様）

 手法の選択

メニューから [分析] > [一変量の分布] と選択します。

次のようなプラットフォームが現れます。

[Y, 列] → 「 トマトの重さ 」、「 農場 」と設定して、[OK] をクリックします。

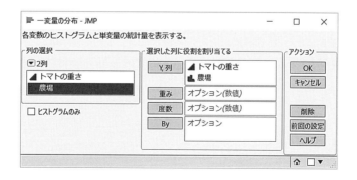

次のような結果が表示されます。（レイアウト変更済み）

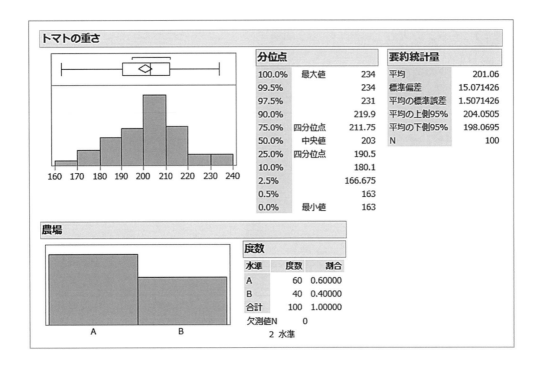

　農場の棒グラフにおける A または B の部分をクリックすると、トマトの重さのヒストグラムが農場別に色分けされ、A と B を比較しやすくなります。

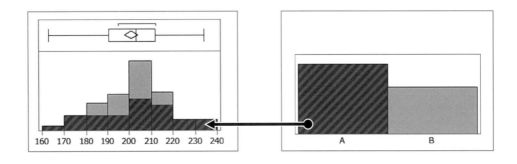

●データの選択機能を利用した層別の方法

また、次に紹介する方法でも、層の比較をすることができます。

手順① データの入力（例題2－2と同様）

手順② 手法の選択

メニューから［ 分析 ］>［ 一変量の分布 ］と選択します。

次のようなプラットフォームが現れます。

［ Y, 列 ］→「 トマトの重さ 」と設定して、［ OK ］をクリックします。

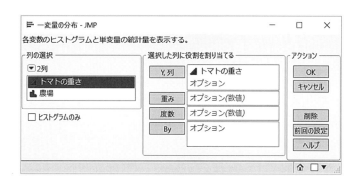

次のような結果が表示されます。（レイアウト変更済み）

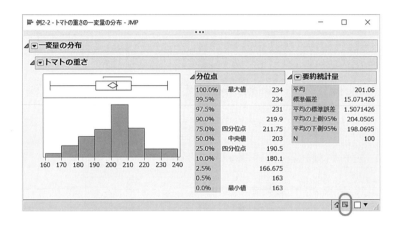

　分析プラットフォームの右下にある  をクリックしてデータテーブルが表示されたら、
メニューから、［ 行 ］ > ［ 行の選択 ］ > ［ Where 条件で選択 ］と選択します。

次のようなプラットフォームが現れます。

[農場] を選択し、[次と等しい] の右側に「 A 」と入力します。

[OK] をクリックすると、次のような結果が表示されます。

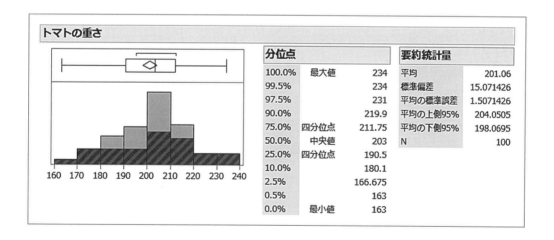

トマトの重さのヒストグラムが農場別に色分けされ、A と B を比較しやすくなります。

§2 カテゴリデータの要約とグラフ化

▶ 集計して割合を見る

2-1 ◉ 名義尺度のまとめ方

例題 2-3

　ある中学校で、好きな主食を調査するために、給食アンケートを 100 人に実施した結果、次のデータが得られた。このデータを集計し、グラフ化して読み取れることをまとめよ。

表 2.6　データ

回答者番号	回答	回答者番号	回答	回答者番号	回答	回答者番号	回答	回答者番号	回答
1	パン	21	パン	41	パン	61	ごはん	81	ごはん
2	パン	22	めん	42	ごはん	62	ごはん	82	パン
3	ごはん	23	ごはん	43	パン	63	パン	83	ごはん
4	ごはん	24	ごはん	44	パン	64	パン	84	パン
5	ごはん	25	ごはん	45	パン	65	パン	85	ごはん
6	ごはん	26	ごはん	46	ごはん	66	パン	86	めん
7	パン	27	ごはん	47	ごはん	67	ごはん	87	パン
8	パン	28	ごはん	48	ごはん	68	ごはん	88	ごはん
9	ごはん	29	パン	49	パン	69	パン	89	ごはん
10	パン	30	パン	50	ごはん	70	めん	90	パン
11	ごはん	31	パン	51	ごはん	71	めん	91	ごはん
12	ごはん	32	パン	52	パン	72	パン	92	ごはん
13	ごはん	33	パン	53	パン	73	ごはん	93	ごはん
14	パン	34	ごはん	54	パン	74	ごはん	94	ごはん
15	めん	35	ごはん	55	ごはん	75	パン	95	ごはん
16	ごはん	36	パン	56	パン	76	ごはん	96	ごはん
17	パン	37	ごはん	57	ごはん	77	パン	97	ごはん
18	パン	38	ごはん	58	ごはん	78	パン	98	ごはん
19	パン	39	ごはん	59	パン	79	パン	99	めん
20	パン	40	パン	60	パン	80	ごはん	100	ごはん

■基本的なまとめ方

カテゴリデータには、次の2つのまとめ方があります。

① 度数や割合などの統計量を計算して、数値的にまとめる方法
② 棒グラフなどを用いて、視覚的にまとめる方法

　数量データのときには、平均値や標準偏差を計算して、データを要約しましたが、カテゴリデータの場合は、あるカテゴリに属するものが何人いたか、何個あったかという度数を求めることが、データを要約するときの基本となります。

■度数と割合

　度数テーブルには、カテゴリ別の度数や割合が表示されます。

水準	：カテゴリの種類
度数	：データ数
割合	：データ数の割合
欠測値N	：無回答の数

表 2.7　「好きな主食は？」の度数分布表

好きな主食は？		
度数		
水準	度数	割合
ごはん	51	0.51000
パン	43	0.43000
めん	6	0.06000
合計	100	1.00000
欠測値N	0	
3 水準		

■棒グラフ

　棒グラフは、度数を棒の長さで表したグラフで、カテゴリごとの度数を視覚的に把握することができます。

　この例題では、度数テーブルとグラフから、ごはんとパンがほぼ同程度の人気であることがわかります。そこで、この結果をもとに今後の献立内容を検討することとなりました。

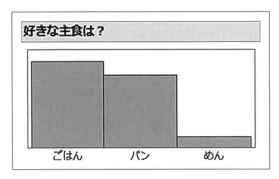

図 2.14　「好きな主食は？」の棒グラフ
（注）JMP では、ヒストグラムと表示されます。

【JMP の手順】

 データの入力

　次のようにデータを入力します。

手順 2　手法の選択

メニューから [分析] > [一変量の分布] と選択します。

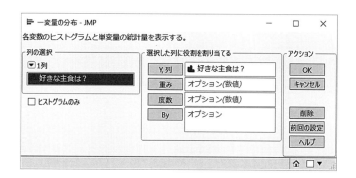

次のようなプラットフォームが現れます。

　　　　[Y, 列] → 「 好きな主食は？ 」

と設定して、[OK] をクリックします。

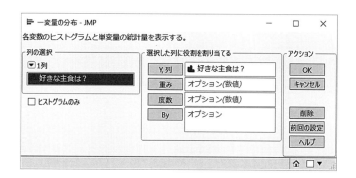

次のような結果が表示されます。（レイアウト変更済み）

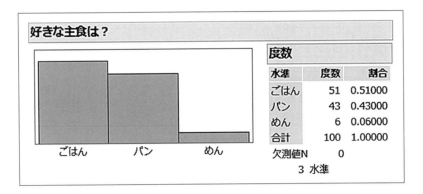

●棒の間を離す

　カテゴリデータの集計結果を棒グラフで表示するときは、連続尺度ではないので棒の間を離すのが一般的です。

　このためには、[好きな主食は？] の ▼ ボタンをクリックし、[ヒストグラムオプション] > [棒の間を離す] と選択すると、右のように、棒と棒の間が離れます。

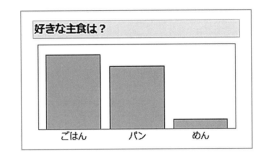

■モザイク図と円グラフ

　名義尺度のカテゴリデータは、棒グラフ（ヒストグラム）だけでなく、モザイク図や円グラフでカテゴリごとの割合を視覚化するとよいでしょう。

　(注) モザイク図は本来、2変量の関係を見るのに適しているので、第3章で改めて説明します。

① モザイク図

　[好きな主食は？] の ▼ ボタンをクリックし、[モザイク図] と選択します。

　次のように、棒グラフの下にモザイク図が表示されます。

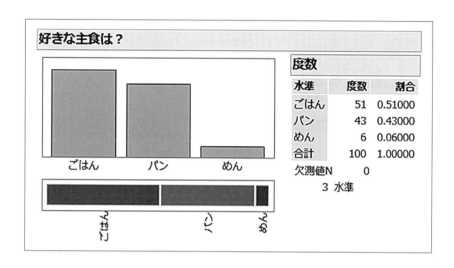

② 円グラフ

　データテーブルへ戻り、メニューから［ グラフ ］＞［ 旧機能 ］＞［ チャート ］と選択します。

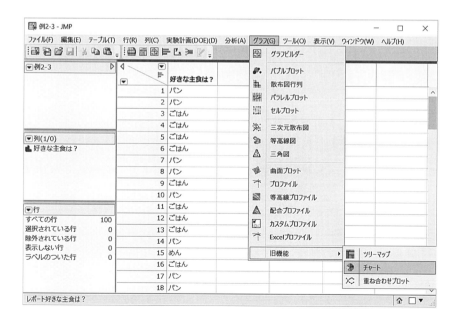

次のようなプラットフォームが現れます。

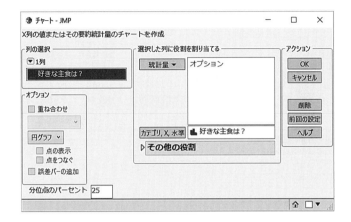

[カテゴリ，X，水準]　→「 好きな主食は？ 」
[オプション]　　　　→ [円グラフ]

と選択して [OK] をクリックすると、次のような円グラフが表示されます。

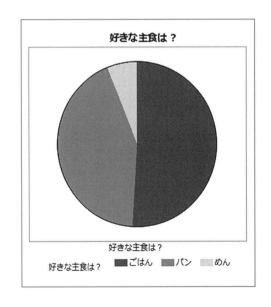

●値を表示させる

　［ グラフビルダー ］の▼ボタンをクリックし、［ 設定パネルの表示 ］を選択します。グラフビルダーの設定ウィンドウが表示されるので、［ ラベル ］の［ パーセント値ラベル ］と選択して［ 終了 ］をクリックすると、 次のような割合（%）が表示されます。

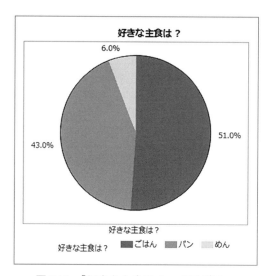

図 2.15　「好きな主食は？」の円グラフ

　円グラフから、ごはんを好きな人が全体の 50%以上を占めていることがわかります。

　棒グラフは、ごはん、パン、めんを互いに比べるのに適していますが、1 変量のモザイク図や円グラフは、全体とごはん、全体とパン、全体とめんを比べるのに適しています。

　なお、円グラフはカテゴリの数が多いときには、見にくいものとなってしまいます。カテゴリの数は 5～10 以下になるように、「その他」などを作って、カテゴリの数を減らす工夫をする必要があります。

　さらに、ある 2 つのグループについて割合を比べたいというようなときに、円グラフを 2 つ並べるのは、あまり有効な方法とはいえません。このようなときにはモザイク図を用いるとよいでしょう。

2-2 ◉ 順序尺度のまとめ方

例題2－3から、主食はごはんが1番人気があることがわかった。そこで、ごはんのおいしさを調べるために、5段階評価のアンケートを100人に実施した結果、次のデータが得られた。このデータをまとめよ。

表2.8　データ

3	3	3	4	3
4	4	4	5	4
1	4	3	4	2
3	3	4	2	4
3	2	4	4	2
3	4	3	3	4
5	3	2	4	3
4	5	5	3	3
4	4	4	3	3
4	3	3	2	2
2	4	4	4	3
2	4	2	4	2
4	2	1	5	3
3	4	2	1	4
5	3	1	4	3
3	3	4	2	5
3	4	4	4	5
4	4	5	4	3
5	3	3	2	4
3	4	4	4	5

1：おいしくない　2：あまりおいしくない　3：ふつう　4：ややおいしい　5：おいしい

【JMP の手順】

手順 ① データの入力

次のようにデータを入力します。

手順 ② 尺度の変更

JMP では、数字は連続尺度に自動設定されます。本例題は順序尺度なので、連続尺度を順序尺度へ変更します。

列パネルの「 ごはんのおいしさ 」の横にあるボタンをクリックし、[順序尺度（ ◢ ）] と選択します。

手順 3 手法の選択

メニューから [分析] > [一変量の分布] と選択します。

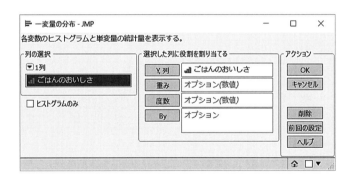

次のようなプラットフォームが現れます。

　　　　　　[Y, 列] → 「 ごはんのおいしさ 」

と設定して、[OK] をクリックすると、結果が表示されます。

　このとき、モザイク図も追加して表示させると、次のような結果になります。

　（レイアウト変更済み）

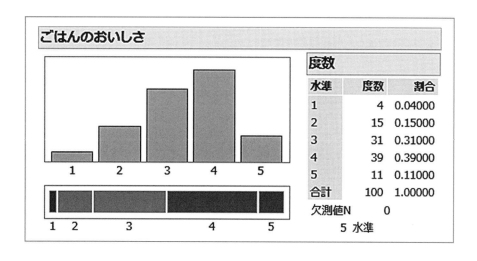

度数		
水準	度数	割合
1	4	0.04000
2	15	0.15000
3	31	0.31000
4	39	0.39000
5	11	0.11000
合計	100	1.00000

欠測値N 0

5 水準

　度数テーブルとグラフから、おいしさの評価が「2」以下の割合が約 20% いることがわかります。この結果から、評価が悪い原因を探り、ごはんをおいしくするための改善に取り組むこととなりました。

　ところで、このデータは

　　　　1：おいしくない　　　2：あまりおいしくない　　　3：ふつう

　　　　4：ややおいしい　　　5：おいしい

とした順序尺度のデータです。この数値を数量データとみなして、すなわち、連続尺度とみなして解析をすると、右のような平均値や標準偏差を求めることができます。このように、順序尺度を連続尺度として解析することがよくあります。しかし、この方法は、1〜5 の評点が等間隔であるということを前提としているので、あくまでも参考程度にとどめておくべきです。

ごはんのおいしさ	
要約統計量	
平均	3.38
標準偏差	1.0028243
平均の標準誤差	0.1002824
平均の上側95%	3.5789821
平均の下側95%	3.1810179
N	100

Office ソフトを使った解析結果の利用

　JMP で解析した結果を Excel・Word・PowerPoint といった Office ソフトで利用することができます。ここでは、JMP の結果を Excel に貼り付ける手順を紹介しましょう。

《手順 1》　メニューから［ ツール ］→［ 選択ツール（ ✛ ）］を選択します。

《手順 2》　コピーしたいグラフや表を選び、右クリックで［ コピー ］と選択します。

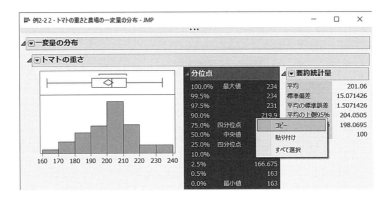

《手順 3》　Excel を起動し、メニューから［ ホーム ］>［ 貼り付け ］と選択すると、JMP の結果が、グラフは図（イメージ）、表の数値はテキストとして貼り付けられます。

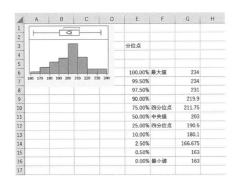

　Word や PowerPoint も同様の手順で利用することができます。

第 3 章

2 変量の解析

対になった 2 種類のデータが得られたときに、データ間の関係を
分析する方法を解説します。2 種類のデータの組合せには、数
量と数量、カテゴリとカテゴリ、数量とカテゴリという 3 つのパター
ンが考えられます。このパターンに応じて、分析に使う手法やグ
ラフを使い分けます。

Bivariate Analysis

§1 ２種類の数量データの解析

▶ 対になったデータの関係を見る

1-1 ◉ 関係の把握

　体重と身長の関係を調べるといったように、２種類のデータの関係を統計的に解析することを「２つの変数の解析」、あるいは、「二変量解析」という呼び方をします。

　２種類のデータが、数量データかカテゴリデータかによって、関係を解析するときの方法を変える必要があります。２種類のデータの組合せは、次のようなパターンに分けることができます。

　　① 数量データと数量データ

　　② カテゴリデータとカテゴリデータ

　　③ 数量データとカテゴリデータ

　JMP の ［ 二変量の関係 ］ では、上記の①から③に対応して、解析手法が自動的に選択されるようになっています。

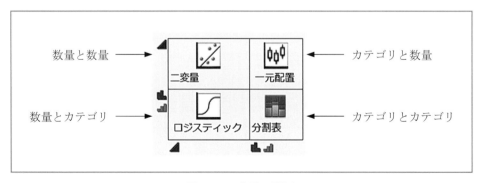

図 3.1　二変量の関係

表 3.1　変数の組合せパターンと解析手法

組合せパターン	JMP での表現		解析手法
	Y（結果系）	X（原因系）	
数量　と　数量	連続尺度	連続尺度	散布図・相関係数・単回帰
カテゴリ　と　カテゴリ	名義尺度	名義尺度	分割表・モザイク図
	名義尺度	順序尺度	
	順序尺度	名義尺度	
	順序尺度	順序尺度	
数量　と　カテゴリ	連続尺度	名義尺度	分散分析
	連続尺度	順序尺度	
	名義尺度	連続尺度	ロジスティック回帰分析（名義）
	順序尺度	連続尺度	ロジスティック回帰分析（累積）

　数量データとカテゴリデータの関係を解析するときには、数量データを Y（結果系）とするか、X（原因系）とするかで、適用する統計手法が変わることに注意が必要です。

　数量データを Y とするときには、2 つ以上の平均値に差があるかどうかを検討する分散分析が使われます。一方、数量データを X とするときには、ロジスティック回帰分析が使われます。これは、数量データを使って、カテゴリデータの値を予測する手法です。

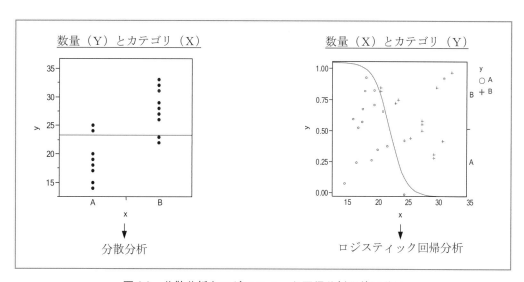

図 3.2　分散分析とロジスティック回帰分析の使い分け

1-2 ◉ 連続尺度と連続尺度の関係

例題 3-1

あるスーパーで、広告チラシに掲載する特売品の数と売上を 30 日分調べたところ、下記のようなデータが得られた。このデータから、特売品目数と売上の関係を調べよ。

表 3.2　データ

番号	特売品目数（個）	売上/日（円）	番号	特売品目数（個）	売上/日（円）
1	61	635,000	16	45	450,000
2	60	850,000	17	57	650,000
3	63	2,200,000	18	53	1,350,000
4	66	2,850,000	19	47	556,000
5	72	2,550,000	20	58	400,000
6	68	2,100,000	21	59	925,000
7	58	1,050,000	22	52	750,000
8	64	1,500,000	23	55	1,010,000
9	52	200,000	24	52	500,000
10	65	1,210,000	25	62	1,500,000
11	65	700,000	26	65	1,750,000
12	53	430,000	27	63	1,000,000
13	44	535,000	28	49	345,000
14	59	800,000	29	55	495,000
15	57	700,000	30	55	800,000

■相関関係

　2種類の数量データ（連続尺度のデータ）があるとき、一方のデータの変化にともなって、もう一方のデータも変化するような関係を相関関係といいます。一方のデータを x、もう一方のデータを y としたとき、「x が増えると、y も増える」というような関係を正の相関関係、「x が増えると、y は減る」というような関係を負の相関関係、どちらの関係も見られらない場合を相関なし、あるいは、無相関といいます。

　相関関係を把握するには2つの方法を用います。

　　① 散布図による視覚的把握

　　② 相関係数による数値的把握

相関関係の有無を統計的に解析することを相関分析と呼んでいます。

■散布図

　散布図は、相関関係の有無を視覚的に確認するために使われるグラフです。2種類の数量データのうち、一方を横軸に、もう一方を縦軸にとって、対応するデータを1点ずつプロットします。

　2種類の数量データの間に因果関係（原因と結果の関係）が想定されるときには、横軸に原因系のデータ、縦軸に結果系のデータを割り付けます。

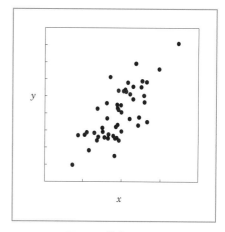

図3.3　散布図の例

散布図の見方は次の通りです。

点が右上がりの傾向の場合は、正の相関があることを示しています。

点が右下がりの傾向の場合は、負の相関があることを示しています。

右上がり、右下がりのどちらともいえないときには、無相関を示しています。

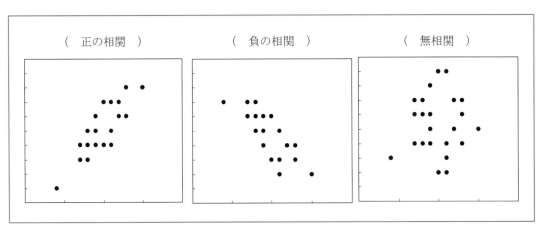

図 3.4　散布図と相関関係

この例題のデータを散布図にすると、次のようになります。

散布図から、特売品目数と売上は、正の相関があることがわかります。

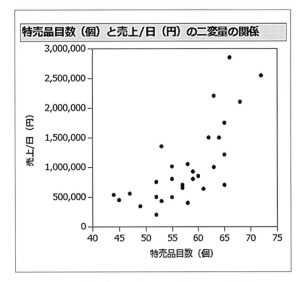

図 3.5　「特売品目数」と「売上」の散布図

■相関係数

2種類の数量データの間に相関関係があるかどうかを、数値的に判断するには、相関係数と呼ばれる統計量を利用します。

相関係数は、通常 r という記号で表され、-1 から 1 の間の値になります。

$$-1 \leqq r \leqq 1$$

相関係数の符号が、正（＋）のときには、正の相関があることを、負（－）のときには、負の相関があることを示しています。

相関の強さは、相関係数の絶対値 $|r|$ または2乗値 r^2 で評価し、1に近いほど相関関係が強いことを意味します。相関関係が存在しないときには、相関係数の値は0に近い値（ちょうど0になることは、ほとんどない）になります。

相関係数の値を評価するときのおおよその目安は、以下のようになります。

$$|r| \geqq 0.7 \rightarrow \text{強い相関あり}$$
$$0.7 > |r| \geqq 0.5 \rightarrow \text{相関あり}$$
$$0.5 > |r| \geqq 0.3 \rightarrow \text{弱い相関あり}$$
$$0.3 > |r| \rightarrow \text{相関なし}$$

この例題の相関係数は次のようになります。

表 3.3 「特売品目数」と「売上」の相関係数

二変量正規楕円 P=0.950				
変数	平均	標準偏差	相関	p値	数
特売品目数（個）	57.8	6.890273	0.733858	<.0001*	30
売上/日（円）	1026367	676374.8			

相関係数は、0.733858 で、特売品目数と売上は、強い相関があるといえます。

有意確率の値は「＜.0001」になっており、無相関でないことが統計的に認められています。有意確率を使ったこのような判断の仕方を検定と呼んでいます。検定については、第6章で詳しく解説します。

■順位相関係数

　数量データを順位に変換して、順位同士の相関係数を計算することがあります。これは順位相関係数と呼ばれています。

　この例題では、順位相関係数は 0.7527 となります。

表 3.4　「特売品目数」と「売上」の順位相関係数

ノンパラメトリック: Spearmanの順位相関係数(ρ)				
変数	vs. 変数	Spearmanの順位相関係数(ρ)	p値(Prob>|ρ|)	-.8-.6-.4-.2 0 .2 .4 .6 .8
売上/日（円）	特売品目数（個）	0.7527	<.0001*	

【JMP の手順】

 データの入力

　次のようにデータを入力します。

例3-1 - JMP											– □ ×
ファイル(F)　編集(E)　テーブル(T)　行(R)　列(C)　実験計画(DOE)(D)　分析(A)　グラフ(G)　ツール(O)　表示(V)　ウィンドウ(W)　ヘルプ(H)											

▼例3-1	▷			特売品目数（個）	売上/日（円）			
			1	61	635,000			
▼列(2/0)			2	60	850,000			
◢特売品目数（個）			3	63	2,200,000			
◢売上/日（円）			4	66	2,850,000			
			5	72	2,550,000			
▼行			6	68	2,100,000			
すべての行	30		7	58	1,050,000			
選択されている行	0		8	64	1,500,000			
除外されている行	0		9	52	200,000			
表示しない行	0		10	65	1,210,000			
ラベルのついた行	0							

 手法の選択

メニューから[分析]>[二変量の関係]と選択します。

次のようなプラットフォームが現れます。

[Y,目的変数]→「 売上/日（円）」

[X,説明変数]→「 特売品目数（個）」

と設定して、[OK]をクリックします。

次のような結果が得られます。

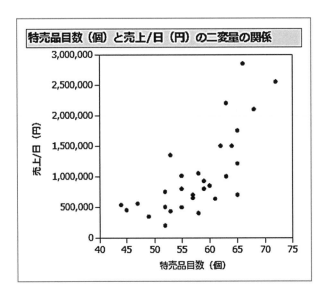

●相関係数の表示

[特売品目数（個）と売上/日（円）の二変量の関係] の ▼ ボタンをクリックし、[確率楕円] > [0.95] と選択します。

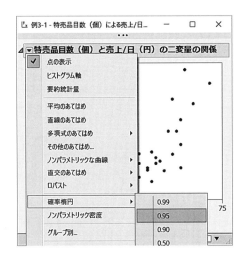

［ 二変量正規楕円 P=0.950 ］ の ▷ ボタンをクリックすると、次のような結果が表示されます。

二変量正規楕円 P=0.950					
変数	平均	標準偏差	相関	p値	数
特売品目数（個）	57.8	6.890273	0.733858	<.0001*	30
売上/日（円）	1026367	676374.8			

●順位相関係数の表示

メニューから ［ 分析 ］＞［ 多変量 ］＞［ 多変量の相関 ］と選択します。

次のようなプラットフォームが
現れます。
［ Y, 列 ］→「 特売品目数（個）」
　　　　　「 売上/日（円）」
と設定して、［ OK ］をクリック
します。

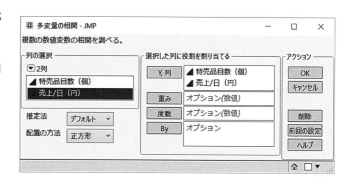

次のような結果が表示されます。

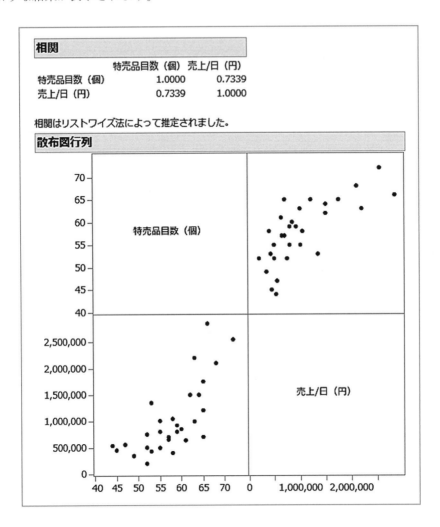

相関

	特売品目数（個）	売上/日（円）
特売品目数（個）	1.0000	0.7339
売上/日（円）	0.7339	1.0000

相関はリストワイズ法によって推定されました。

散布図行列

［ 多変量 ］の⏷ボタンをクリックします。

［ ノンパラメトリック相関係数 ］＞［ Spearman の順位相関係数（ρ）］と選択すると、次のような結果が表示されます。

ノンパラメトリック: Spearmanの順位相関係数(ρ)				
変数	vs. 変数	Spearmanの順位相関係数(ρ)	p値(Prob>|ρ|)	-.8-.6-.4-.2 0 .2 .4 .6 .8
売上/日（円）	特売品目数（個）	0.7527	<.0001*	

■散布図の応用

　この例題のデータに、右のように「担当者」と「店舗」のデータが追加されたとしましょう。このようなときには、散布図上の点を行番号や担当者名で表示すると、外れ値に該当するデータを特定しやすくなります。

	特売品目数（個）	売上/日（円）	担当者	店舗
1	61	635,000	A	A
2	60	850,000	B	B
3	63	2,200,000	C	A
4	66	2,850,000	D	A
5	72	2,550,000	E	A
6	68	2,100,000	F	A
7	58	1,050,000	G	A
8	64	1,500,000	H	A
9	52	200,000	I	B
10	65	1,210,000	J	B

　まずは、「特売品目数（個）」と「売上/日（円）」の散布図を作成します。

●行番号を表示した散布図

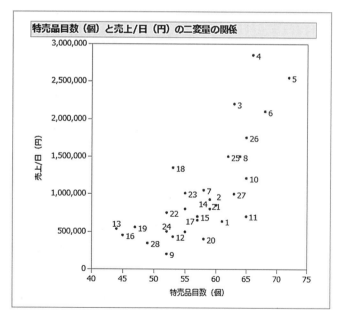

図3.6　行番号を表示した散布図

散布図に行番号を表示するには、データテーブルへ戻り、メニューから ［ 行 ］ > ［ 行の選択 ］ > ［ すべての行を選択 ］ と選択します。次に、もう1度メニューから ［ 行 ］ > ［ ラベルあり/ラベルなし ］ と選択すると、図3.6 のように行番号が散布図に表示されます。

●文字を表示した散布図

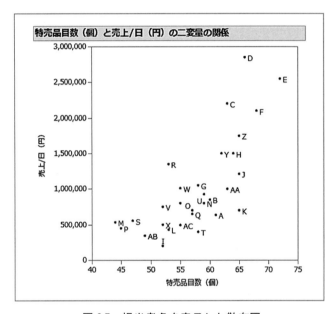

図 3.7　担当者名を表示した散布図

　散布図に文字を表示させるには、データテーブルへ戻り、表示させたい文字が入力されている列名（ここでは、「 担当者 」）をクリックし、メニューから

　　　　　［ 列 ］ > ［ ラベルあり/ラベルなし ］

　　　　　［ 行 ］ > ［ 行の選択 ］ > ［ すべての行を選択 ］

　　　　　［ 行 ］ > ［ ラベルあり/ラベルなし ］

と選択すると、図3.7 のように文字が散布図に表示されます。

●層別散布図

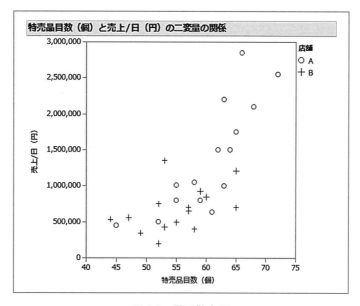

図 3.8　層別散布図

　店舗で層別された散布図を作成するには、散布図を右クリックし、[行の凡例] を選択すると [列の値によるマーカー分け] プラットフォームが現れます。

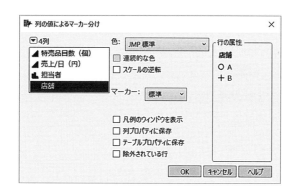

　　　「 店舗 」> [マーカー] > [標準]
と選択し、[OK] をクリックすると、図 3.8 のように散布図が層別されます。

なお、層の間の平均値や相関関係に大きな差が見られないときには、点が重なり合ってしまい、視覚的な解析がしにくくなります。そのようなときには、層ごとに散布図を作成するとよいでしょう。

●層ごとの散布図

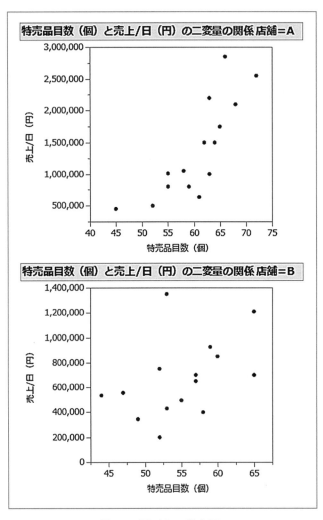

図 3.9　層ごとの散布図

層ごとの散布図を作成するには、データテーブルへ戻り、メニューから［ 分析 ］＞［ 二変量の関係 ］と選択します。

　プラットフォームが現れます。

　　　　　［ Y, 目的変数 ］→「 売上／日（円）」

　　　　　［ X, 説明変数 ］→「 特売品目数（個）」

　　　　　［ By ］　　　　→「 店舗 」　　　　※層別に使う変数が「店舗」

と設定して、［ OK ］をクリックします。

 参考 散布図の形

　次のような散布図は、相関関係を見誤りやすいので注意しましょう。

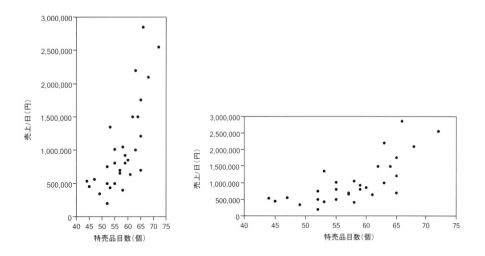

　左側にある縦長の散布図は、相関関係を強く見せています。一方、右側の横長にした散布図は、相関関係を弱く見せています。どちらも例題3−1のデータを使って散布図を作成していますが、印象が大きく変わってしまいます。相関関係を適切に表現するには、散布図はできるだけ正方形の中で、点が散らばるように作成すると良いでしょう。

§2 2種類のカテゴリデータの解析
▶ 組み合わせて割合を見る

2-1 ◉ 名義尺度と名義尺度の関係

例題 3-2

　ダイエット食品を開発している会社では、カロリーと組み合わせる要素として、何が良いかを探るために、社会人 100 人に以下の 2 つの質問を行った。

Q1.　今までにダイエットをしたことがありますか?
　　　(A：現在している、B：過去にしたことがある、C：したことはない)

Q2.　食事でカロリー以外に気にしていることはなんですか?
　　　(鉄分、脂質、塩分、ビタミン)

その結果、次ページのようなデータが得られた。
Q1 と Q2 の関係を調べよ。

表 3.5　データ

番号	Q1	Q2	番号	Q1	Q2	番号	Q1	Q2
1	B	脂質	41	B	脂質	81	C	塩分
2	A	鉄分	42	C	塩分	82	A	ビタミン
3	C	塩分	43	B	脂質	83	A	ビタミン
4	B	ビタミン	44	A	脂質	84	C	脂質
5	B	脂質	45	C	脂質	85	C	鉄分
6	A	脂質	46	A	脂質	86	C	塩分
7	B	脂質	47	A	脂質	87	B	鉄分
8	A	塩分	48	A	脂質	88	C	ビタミン
9	A	塩分	49	C	ビタミン	89	B	塩分
10	A	脂質	50	B	鉄分	90	A	ビタミン
11	B	脂質	51	A	脂質	91	C	ビタミン
12	A	脂質	52	C	ビタミン	92	A	脂質
13	B	脂質	53	C	塩分	93	C	ビタミン
14	B	塩分	54	B	塩分	94	B	脂質
15	C	鉄分	55	B	ビタミン	95	A	ビタミン
16	B	脂質	56	A	脂質	96	B	脂質
17	A	脂質	57	A	脂質	97	C	ビタミン
18	A	鉄分	58	B	塩分	98	A	脂質
19	A	脂質	59	C	塩分	99	A	ビタミン
20	A	ビタミン	60	A	脂質	100	C	ビタミン
21	A	脂質	61	C	塩分	101	B	脂質
22	A	脂質	62	B	ビタミン	102	A	塩分
23	A	脂質	63	A	脂質	103	A	鉄分
24	A	ビタミン	64	B	ビタミン	104	C	脂質
25	B	脂質	65	C	脂質	105	C	ビタミン
26	A	ビタミン	66	B	脂質	106	B	ビタミン
27	B	鉄分	67	C	塩分	107	A	脂質
28	C	ビタミン	68	C	脂質	108	C	ビタミン
29	B	脂質	69	B	脂質	109	C	脂質
30	C	塩分	70	B	鉄分	110	C	ビタミン
31	B	脂質	71	C	脂質	111	A	脂質
32	C	脂質	72	A	ビタミン	112	A	脂質
33	C	塩分	73	B	鉄分	113	A	脂質
34	B	塩分	74	A	ビタミン	114	B	塩分
35	C	塩分	75	A	鉄分	115	A	脂質
36	B	ビタミン	76	C	塩分	116	C	鉄分
37	B	ビタミン	77	A	塩分	117	A	ビタミン
38	A	鉄分	78	A	塩分	118	C	塩分
39	A	ビタミン	79	A	ビタミン	119	B	塩分
40	A	ビタミン	80	B	ビタミン	120	B	鉄分

■モザイク図

　2種類のカテゴリデータ（名義尺度や順序尺度のデータ）があるとき、この2種類のデータの関係を視覚的に把握するには、モザイク図が使われます。

　モザイク図は、長方形を横軸と縦軸で分割したグラフで、それぞれの長方形の面積が分析対象の比率を表します。2種類のカテゴリデータをX、Yとしたとき、縦軸Yの比率は、横軸Xの各カテゴリにおけるYの度数を、Xの各カテゴリの合計度数で割ったものです。右側の縦軸は、軸全体を1（100%）としたときの比率を表します。

　モザイク図は、積み重ね棒グラフを横に並べたものに相当し、縦の棒をXの各カテゴリの比率に応じて分割しています。Yのカテゴリを分けている線が、複数のXのカテゴリで横に一直線になっているときは、Yのカテゴリの比率が等しいことを意味します。

　この例題のモザイク図は次のようになります。ここでは、XをQ1、YをQ2としています。

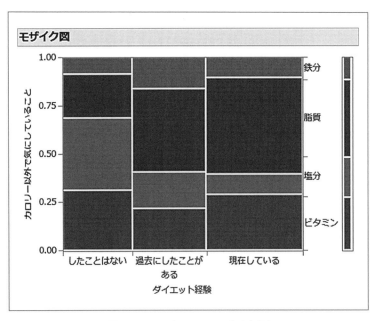

図3.10　Q1とQ2のモザイク図

このモザイク図から、次のようなことがわかります。

・ダイエット経験は、棒の太さから、「現在している」人が多い

・カロリー以外で気にしていることは、脂質が多い

・ダイエットを「過去にしたことがある」人と「現在している」人は、脂質を気にしている人が多く、「したことはない」人は、塩分を気にしている人が多い

■分割表

いま、グループ A1 と A2 があり、どちらのグループにも、食品 B と C のどちらが好きかを聞いたとしましょう。この回答を集計することをクロス集計といいます。クロス集計の結果は、次のような二元表に整理するのが一般的です。

表 3.6　分割表の形

	B	C
A1		
A2		

実際には、二元表のマスの中には、人数あるいは個数といった数えた数値が入ります。

このような二元表を分割表（あるいはクロス集計表）と呼び、上の表は 2 行 2 列なので、2 × 2 分割表と丁寧に言うこともあります。一般に、L 行 M 列のときには、L × M 分割表と呼んでいます。

分割表は、原因系を行、結果系を列にするのが一般的です。

この例題の分割表は次のようになります。

表 3.7　Q1 と Q2 の分割表

分割表

度数 全体% 列% 行%	カロリー以外で気にしていること				
	ビタミン	塩分	脂質	鉄分	合計
したことはない	11	13	8	3	35
	9.17	10.83	6.67	2.50	29.17
	33.33	52.00	16.67	21.43	
	31.43	37.14	22.86	8.57	
過去にしたことがある	8	7	16	6	37
	6.67	5.83	13.33	5.00	30.83
	24.24	28.00	33.33	42.86	
	21.62	18.92	43.24	16.22	
現在している	14	5	24	5	48
	11.67	4.17	20.00	4.17	40.00
	42.42	20.00	50.00	35.71	
	29.17	10.42	50.00	10.42	
合計	33	25	48	14	120
	27.50	20.83	40.00	11.67	

（左側縦書き：ダイエット経験）

　分割表の列の計から、ダイエット経験は、「現在している」人が 1 番多く、全体の 40％を占めていることがわかります。行の計から、カロリー以外で気にしていることは、脂質が 1 番多く、全体の 40％を占めていることがわかります。

　ダイエット経験別に行％をみていくと、

・「したことはない」人は、塩分が 1 番多く、37％を占めている

・「過去にしたことがある」人は、脂質が 1 番多く、43％を占めている

・「現在している」人は、脂質が 1 番多く、50％を占めている

ということがわかります。

■縦軸 Y と横軸 X を入れ替えたモザイク図

　2 種類のカテゴリデータにおいて、一方が原因で、一方が結果という関係にあるときには、原因系のデータを X 軸、結果系のデータを Y 軸とします。しかし、どちらも結果であるということもあります。このようなときには、X と Y を入れ替えたモザイク図も作成すると、異なった視点で図を眺めることができます。

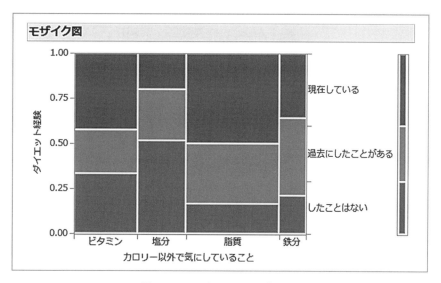

図 3.11　Q2 と Q1 のモザイク図

　このモザイク図から、ビタミンを気にしている人は、「現在している」人が多いことがわかります。脂質を気にしている人が多いのも、「現在している」人です。塩分を気にしている人は、「したことはない」人が多く、鉄分を気にしている人は、「過去にしたことがある」人が多いことがわかります。

■ χ^2（カイ2乗）検定

行の変数（ダイエット経験）と列の変数（カロリー以外で気にしていること）の間に、統計的に意味のある関係があるかどうかを検討するのが、χ^2検定です。

表3.8　χ^2検定の結果

検定			
N	自由度	(-1)*対数尤度	R2乗(U)
120	6	6.3550317	0.0408

検定	カイ2乗	p値(Prob>ChiSq)
尤度比	12.710	0.0479*
Pearson	12.621	0.0495*

一般には Pearson の χ^2 検定がよく使われています。この p 値を見ると、0.0495 となっていることがわかります。検定では、この数値が有意水準 0.05 より小さいときに、統計的に意味があると判定します。したがって、この例題におけるダイエット経験とカロリーで気にしていることは、関係があると認められます。

なお、検定は関係があるかないかを見るだけですが、連関係数を使うと、相関係数と同様に、カテゴリデータ同士の関係を数値で把握することができます。連関係数には、いくつもの種類が提案されていますが、どれが最も良いということは言えません。名義尺度同士の関係を見るときには［ラムダ］、順序尺度同士の関係を見るときには［Somers の D］がよく使われます。どちらも 0 に近いほど、関係が弱いことを示しています。詳細は省略しますが、この問題では［Somers の D(C｜R)］は 0.1177、［Somers の D(R｜C)］は 0.1098 と2種類の数値が得られます。これは、相関係数と異なり、説明変数と目的変数をどちらにするかで計算結果が変わるからです。

JMP で連関係数を表示させるには、［ダイエット経験とカロリー以外で気にしていることの分割表に対する分析］の ▼ ボタンをクリックし、［関連の指標］を選択すると、計算結果が出力されます。

【JMP の手順】

手順 ① データの入力

次のようにデータを入力します。(値の変換済み)

手順 ② 手法の選択

メニューから [分析] > [二変量の関係] と選択します。

次のようなプラットフォームが現れます。

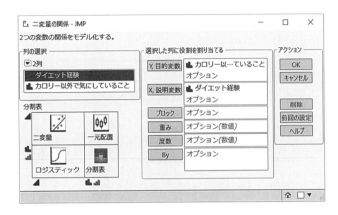

[Y,目的変数] → [カロリー以...ていること]

[X,説明変数] → [ダイエット経験]

と設定して、[OK] をクリックします。

次のような結果が得られます。

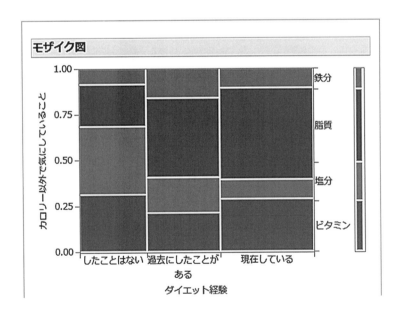

分割表

カロリー以外で気にしていること

度数 全体% 列% 行%	ビタミン	塩分	脂質	鉄分	合計
したことはない	11	13	8	3	35
	9.17	10.83	6.67	2.50	29.17
	33.33	52.00	16.67	21.43	
	31.43	37.14	22.86	8.57	
過去にしたことがある	8	7	16	6	37
	6.67	5.83	13.33	5.00	30.83
	24.24	28.00	33.33	42.86	
	21.62	18.92	43.24	16.22	
現在している	14	5	24	5	48
	11.67	4.17	20.00	4.17	40.00
	42.42	20.00	50.00	35.71	
	29.17	10.42	50.00	10.42	
合計	33	25	48	14	120
	27.50	20.83	40.00	11.67	

（行見出し：ダイエット経験）

検定

N	自由度	(-1)*対数尤度	R2乗(U)
120	6	6.3550317	0.0408

検定	カイ2乗	p値(Prob>ChiSq)
尤度比	12.710	0.0479*
Pearson	12.621	0.0495*

●モザイク図を用いたデータの特定

　モザイク図上で分割されている長方形をクリックすることで、そのブロックに所属するデータを特定することができます。

　たとえば、ダイエットを現在している人で、脂質を気にしている人を特定するには、「 現在している 」と「 脂質 」が交差するブロックをクリックします。

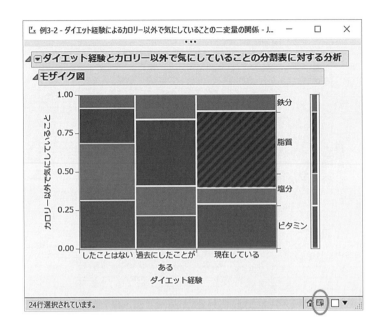

　分析プラットフォームの右下にある  をクリックすると、データテーブルが表示され、そのブロックに所属するデータが色分けされます。

■対応分析（コレスポンデンス分析）

　分割表やモザイク図だけでは簡単に読み取れないデータの傾向を読み取る場合は、対応分析を適用させると良いでしょう。対応分析は、分割表の度数パターンが似ているカテゴリを見つけるためのグラフです。似ているカテゴリは近くに、似ていないカテゴリは遠くにプロットされます。

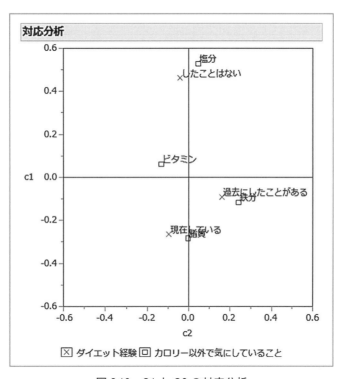

図 3.12　Q1 と Q2 の対応分析

　この手法は、カテゴリ数が多く、分割表やモザイク図から情報を引き出すことが難しい場合に有効です。

　JMP で対応分析を表示するには、［ ダイエット経験とカロリー以外で気にしていることの分割表に対する分析 ］の ▼ ボタンをクリックして、［ 対応分析 ］と選択します。

2-2 ● 順序尺度と順序尺度の関係

例題 3-3

　ある大学の学生 100 人に、食に関する意識調査を実施した。外食と飲酒の頻度について、下記のデータが得られた。外食頻度と飲酒頻度の関係を調べよ。

表 3.9　データ

外食	飲酒	外食	飲酒	外食	飲酒	外食	飲酒	外食	飲酒
5	5	1	2	2	2	4	1	5	2
3	1	2	3	1	1	4	5	4	2
4	4	2	3	2	2	5	1	3	3
1	1	3	2	2	2	5	1	1	2
2	3	2	2	5	1	2	2	5	3
1	2	3	3	1	2	2	2	4	1
3	1	3	1	5	4	1	1	3	3
4	4	1	1	1	1	1	1	3	3
3	1	2	2	4	4	2	1	4	3
2	2	2	2	4	1	1	1	3	4
1	2	3	1	4	1	5	4	1	3
5	4	2	1	2	1	3	2	5	5
1	1	4	4	4	1	1	1	3	1
2	1	5	2	1	1	5	1	3	2
4	1	1	1	2	2	1	1	3	2
4	2	5	2	1	1	4	2	1	2
2	1	4	1	4	2	2	1	3	1
2	4	3	3	2	2	3	3	2	2
5	1	5	5	2	1	5	1	1	2
1	1	5	1	3	4	2	1	5	1

1：ほとんどしない　　2：週 1-2 日　　3：週の半分　　4：週 4-5 日　　5：ほとんど毎日

■モザイク図

　順序尺度同士の関係を見るときも、名義尺度同士の関係を見るときと同様に、モザイク図を作成すると良いでしょう。このときも、一方が原因で、一方が結果という関係にあるときには、原因系のデータを X 軸、結果系のデータを Y 軸とします。このデータ例では、「外食頻度」と「飲酒頻度」の関係を見ていますが、因果関係を見たいというよりも、単純に双方の関係を見たいので、2 つのモザイク図を作成してみましょう。

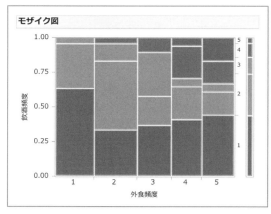 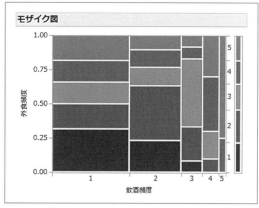

（X 軸：外食頻度、Y 軸：飲酒頻度）　　　（X 軸：飲酒頻度、Y 軸：外食頻度）

図 3.13　「外食頻度」と「飲酒頻度」のモザイク図

　外食頻度が少ない人たちは、飲酒頻度も少ない傾向が見られます。

　一方で、飲酒頻度が少ない人たちをみると、外食頻度が必ずしも少ないというわけではないということがわかります。

■分割表

表 3.10　「外食頻度」と「飲酒頻度」の分割表

分割表

	飲酒頻度					
度数 全体% 列% 行%	1	2	3	4	5	合計
1	14 14.00 31.82 63.64	7 7.00 23.33 31.82	1 1.00 8.33 4.55	0 0.00 0.00 0.00	0 0.00 0.00 0.00	22 22.00
2	8 8.00 18.18 33.33	12 12.00 40.00 50.00	3 3.00 25.00 12.50	1 1.00 10.00 4.17	0 0.00 0.00 0.00	24 24.00
3	7 7.00 15.91 36.84	4 4.00 13.33 21.05	6 6.00 50.00 31.58	2 2.00 20.00 10.53	0 0.00 0.00 0.00	19 19.00
4	7 7.00 15.91 41.18	4 4.00 13.33 23.53	1 1.00 8.33 5.88	4 4.00 40.00 23.53	1 1.00 25.00 5.88	17 17.00
5	8 8.00 18.18 44.44	3 3.00 10.00 16.67	1 1.00 8.33 5.56	3 3.00 30.00 16.67	3 3.00 75.00 16.67	18 18.00
合計	44 44.00	30 30.00	12 12.00	10 10.00	4 4.00	100

（行側：外食頻度）

　分割表の行の計を見ると、外食頻度は「2」が最も多く、全体の 24% を占めています。列の計を見ると、飲酒頻度は「1」が最も多く、全体の 44% を占めていることがわかります。

　外食頻度と飲酒頻度を組み合わせて見ると、外食頻度と飲酒頻度が、どちらも「1」の人が最も多いことがわかります。

■バブルプロット

　順序尺度同士の関係を見るときには、モザイク図だけでなく、バブルプロットも役に立ちます。

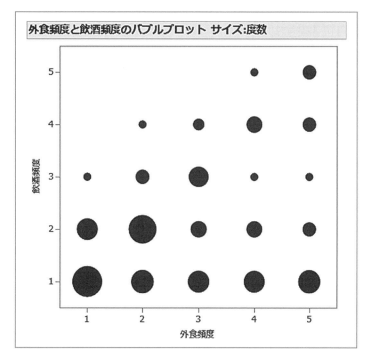

図 3.14　「外食頻度」と「飲酒頻度」のバブルプロット

　このバブルプロットから、外食頻度と飲酒頻度に相関は見られず、関係性がないことがわかります。

　相関が強いときは、バブルプロットは右図のような分布状態になります。

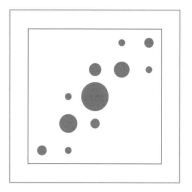

図 3.15　相関が強いときのバブルプロット

【JMP の手順】

手順 1 データの入力

　次のようにデータを入力します。この段階では、「外食頻度」と「飲酒頻度」のデータは数値で入力しているため、連続尺度になっています。そこで、尺度を順序尺度に変更します。

手順 2 手法の選択

　メニューから [分析] > [二変量の関係] と選択します。

次のようなプラットフォームが現れます。

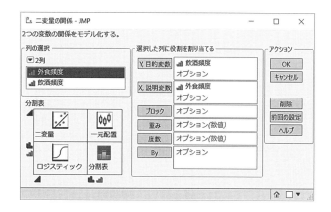

　　　［ Y, 目的変数 ］→ ［ 飲酒頻度 ］
　　　［ X, 説明変数 ］→ ［ 外食頻度 ］
と設定して、［ OK ］をクリックします。

　次のような結果が得られます。

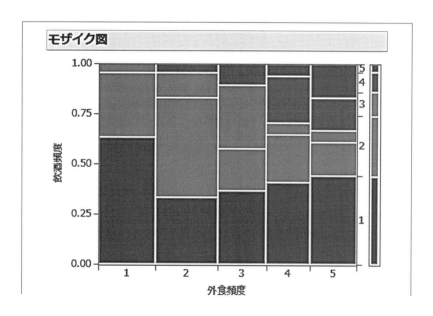

分割表

飲酒頻度

度数 全体% 列% 行%	1	2	3	4	5	合計
1	14	7	1	0	0	22
	14.00	7.00	1.00	0.00	0.00	22.00
	31.82	23.33	8.33	0.00	0.00	
	63.64	31.82	4.55	0.00	0.00	
2	8	12	3	1	0	24
	8.00	12.00	3.00	1.00	0.00	24.00
	18.18	40.00	25.00	10.00	0.00	
	33.33	50.00	12.50	4.17	0.00	
3	7	4	6	2	0	19
	7.00	4.00	6.00	2.00	0.00	19.00
	15.91	13.33	50.00	20.00	0.00	
	36.84	21.05	31.58	10.53	0.00	
4	7	4	1	4	1	17
	7.00	4.00	1.00	4.00	1.00	17.00
	15.91	13.33	8.33	40.00	25.00	
	41.18	23.53	5.88	23.53	5.88	
5	8	3	1	3	3	18
	8.00	3.00	1.00	3.00	3.00	18.00
	18.18	10.00	8.33	30.00	75.00	
	44.44	16.67	5.56	16.67	16.67	
合計	44	30	12	10	4	100
	44.00	30.00	12.00	10.00	4.00	

外食頻度

検定

N	自由度	(-1)*対数尤度	R2乗(U)
100	16	16.031551	0.1200

検定	カイ2乗	p値(Prob>ChiSq)
尤度比	32.063	0.0098*
Pearson	32.987	0.0074*

警告: セルのうち20%の期待度数が5未満です。カイ2乗に問題がある可能性があります。

警告: 平均セル度数が5未満です。尤度比カイ2乗に問題がある可能性があります。

【JMP の手順】（バブルプロットの作り方）

手順 1 データの入力 （p.112 と同様。）

手順 2 データの集計

メニューから ［ テーブル ］＞［ 要約 ］と選択します。

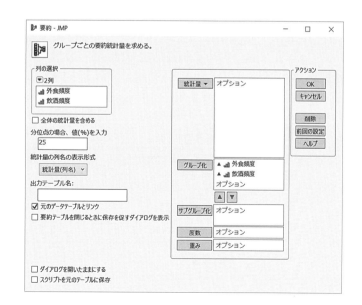

次のようなプラットフォームが現れます。

［ グループ化 ］

→「 外食頻度 」

「 飲酒頻度 」

と設定し、［ OK ］をクリック
します。

次のような要約されたデータテーブルが作成されます。

手順 3 手法の選択

メニューから [グラフ] > [バブルプロット] と選択します。

次のようなプラットフォームが現れます。

[Y]　　→ [飲酒頻度]
[X]　　→ [外食頻度]
[サイズ] → [行数]

と設定し、[OK] をクリックします。

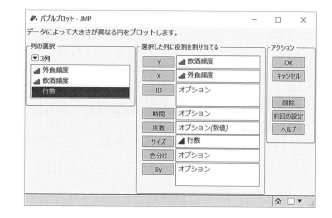

次のような結果が得られます。

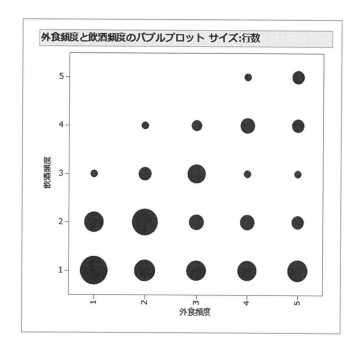

●バブルプロットの度数表示

　要約されたデータテーブルを開き、［ 行数 ］をクリックし、メニューから ［ 列 ］＞［ ラベルあり／ラベルなし ］と選択します。

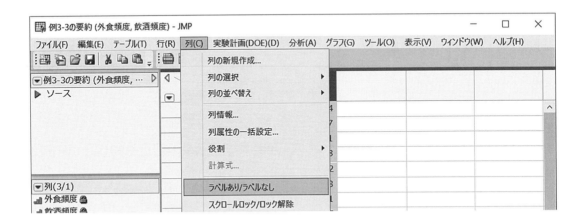

　メニューから ［ 行 ］＞［ 行の選択 ］＞［ すべての行を選択 ］と選択します。

　さらに、メニューから ［ 行 ］＞［ ラベルあり／ラベルなし ］と選択します。

　すると、次のように度数が表示されます。

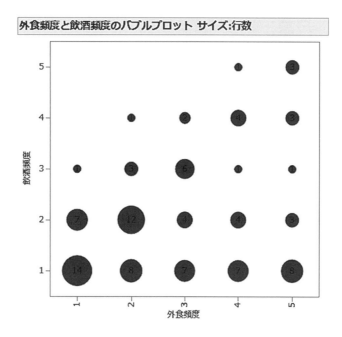

●バブルプロットの円のサイズ変更

　バブルプロット下の［円のサイズ］で、バブルの大きさを変更することができます。

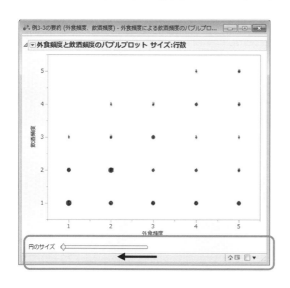 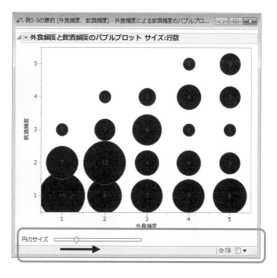

2-3 ◉ 名義尺度と順序尺度の関係

　ある大学の学生 100 名に、食事の栄養バランスに関する意識調査を実施したところ、下記のデータが得られた。性別と栄養バランスの関係を調べよ。

表 3.11　データ

性別	栄養バランス	性別	栄養バランス	性別	栄養バランス	性別	栄養バランス
女	4	男	3	女	5	男	2
男	3	男	4	女	2	男	1
男	4	男	3	女	3	男	1
女	5	男	4	男	2	男	3
女	4	女	4	女	4	男	2
男	1	男	3	女	3	男	2
男	2	女	4	女	3	女	2
男	1	男	2	男	2	女	4
男	2	男	2	男	2	女	3
女	4	女	3	女	4	女	4
男	3	男	2	男	4	男	3
女	5	男	2	女	3	女	1
男	1	女	3	男	2	女	2
男	1	女	4	女	3	男	3
女	4	女	5	男	2	男	2
女	5	女	4	女	3	女	4
男	4	女	2	男	3	男	2
女	5	男	1	女	4	女	5
男	3	男	2	男	3	女	1
女	4	女	4	女	2	女	5
男	2	男	2	女	2	男	3
女	5	女	5	女	3	女	5
女	4	女	4	男	3	女	4
男	2	女	4	男	3	男	2
男	4	男	2	男	3	女	4

　1：全く気にしていない　　2：あまり気にしていない　　3：少し気にしている
　4：気にしている　　　　　5：かなり気にしている

■モザイク図

　名義尺度と順序尺度の関係を見るときも、名義尺度同士や順序尺度同士の関係を見るときと同様に、モザイク図を作成すると良いでしょう。この例題のデータでは、食事の栄養バランスの意識が、性別によって違いがあるかどうかを見たいので、X軸を「性別」、Y軸を「栄養バランス」としています。

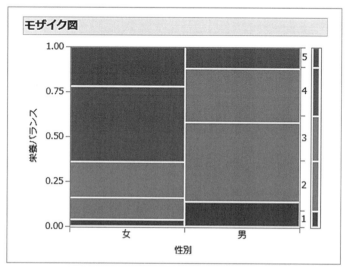

図 3.16　「性別」と「栄養バランス」のモザイク図

　モザイク図から、男性は「1」と「2」の回答が多く、栄養バランスを気にしない傾向にある人が多いことがわかります。

　一方、女性は「4」と「5」の回答が多く、栄養バランスを気にする傾向にある人が多いことがわかります。

　このように、何を比べたいかを考慮したうえで、X軸とY軸を決めることが大切です。

■分割表

表 3.12 「性別」と「栄養バランス」の分割表

分割表

		栄養バランス					
	度数 全体% 列% 行%	1	2	3	4	5	合計
性別	女	2 2.00 22.22 4.00	6 6.00 21.43 12.00	10 10.00 40.00 20.00	21 21.00 77.78 42.00	11 11.00 100.00 22.00	50 50.00
	男	7 7.00 77.78 14.00	22 22.00 78.57 44.00	15 15.00 60.00 30.00	6 6.00 22.22 12.00	0 0.00 0.00 0.00	50 50.00
	合計	9 9.00	28 28.00	25 25.00	27 27.00	11 11.00	100

分割表の行%から、女性は、「4」と「5」の回答が多く、栄養バランスを「気にしている」人と「かなり気にしている」人が全体の 64%を占めていることがわかります。一方、男性は、「1」と「2」の回答が多く、栄養バランスを「全く気にしていない」人と「あまり気にしていない」人が全体の 58%を占めていることがわかります。

分割表の列%からは、「気にしている」人と「かなり気にしている」人は女性がそれぞれ 70%以上を占め、「全く気にしていない」人と「あまり気にしていない」人は男性がそれぞれ 70%以上を占めていることがわかります。

【JMP の手順】

　最初に、データを入力し、「栄養バランス」を連続尺度から順序尺度に変更します。

　次に、2-1 項や 2-2 項と同様に、メニューから［分析］＞［二変量の関係］と選択します。そのときに現れるプラットフォームでは、［Y, 目的変数］を「栄養バランス」、［X, 説明変数］を「性別」と設定します。

■棒グラフを用いた解析

　一方が名義尺度で、もう一方が順序尺度のときには、順序尺度の棒グラフを名義尺度で層別して、視覚的な分析を行うのもよいでしょう。

　このためには、メニューから［分析］＞［一変量の分布］と選択します。あとは、第 2 章の 1-2 項で説明した「グラフの選択機能を利用した層別の方法」を使うと、右のように棒グラフが男女で層別されます。

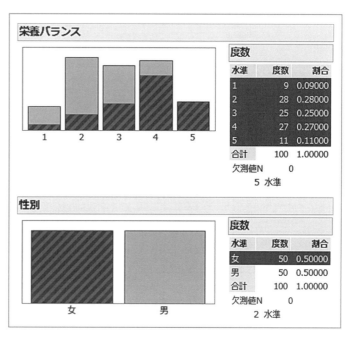

図 3.17　層別した棒グラフ

■順序尺度の扱い

　順序尺度は、カテゴリデータとして扱われますが、実務の世界では、連続尺度とみなし、数量データとして扱うこともあります。理論的には問題がありますので、傾向を見る程度にとどめたほうが良いでしょう。順序尺度同士の関係を見るときも、順序尺度を連続尺度とみなしたときには、1-1 項で解説した数量データ同士の関係を分析する手法を適用します。

§3 数量データとカテゴリデータの解析

▶ 数量とカテゴリを組み合わせる

3-1 ● 名義尺度と連続尺度の関係（連続尺度が目的変数のとき）

例題 3-5

　次のデータは、英語の資格試験における合否の結果と、ほぼ同時に行われた学校の授業で行ったテストの点数を示したものである。試験の合否と点数の関係を分析せよ。

表 3.13　データ

番号	試験	点数	番号	試験	点数
1	合格	73	21	不合格	68
2	合格	65	22	不合格	65
3	合格	70	23	不合格	66
4	合格	69	24	不合格	58
5	合格	68	25	不合格	56
6	合格	66	26	不合格	62
7	合格	74	27	不合格	61
8	合格	71	28	不合格	57
9	合格	68	29	不合格	55
10	合格	65	30	不合格	64
11	合格	64	31	不合格	63
12	合格	68	32	不合格	68
13	合格	70	33	不合格	57
14	合格	71	34	不合格	59
15	合格	69	35	不合格	66
16	合格	66	36	不合格	66
17	合格	73	37	不合格	65
18	合格	69	38	不合格	63
19	合格	74	39	不合格	62
20	合格	67	40	不合格	59

■分散分析

　数量データ（連続尺度）とカテゴリデータ（名義尺度）があるとき、この2つのデータの関係を視覚的に把握するには、どちらのデータを結果と考えるかによって、解析方法が変わることに注意する必要があります。

　数量データを結果と考えるときには、このデータを目的変数として解析します。このときには、分散分析と呼ばれる統計手法が適用されます。

　一方、カテゴリデータを結果と考えるときには、このデータを目的変数として解析します。このときには、ロジスティック回帰分析と呼ばれる統計手法が適用されます。

　ここでは、数量データを結果と考えて、分散分析を適用した結果を見ていきます。

　分散分析とは、2つ以上の平均値を比較して、平均値の間に生じた差が統計学的に意味のある差かどうかを解析する方法です。このような方法は検定と呼ばれています。

　統計学的に意味があるかどうかというのは、収集したデータから得られた平均値の差が誤差の範囲内か、誤差の範囲を超えているかということです。誤差の範囲内であれば、平均値の差は偶然によるものであって、意味がないということになります。逆に、平均値の差が誤差の範囲を超えているときには、意味のある差だということです。このとき、差は「有意である」という言い方をします。ここで、意味がある、意味がないというのは、統計学的に見た場合ということであって、実用的に意味があるかないかは、統計学とは別の評価の問題になります。この検定という手法については、第6章で解説していきます。

　なお、分散分析は、複数のグループ間の平均値を比較するための方法ですが、各グループにおけるデータのばらつきは、どのグループも同じであるという前提で適用されます。

　ところで、分散分析の結果だけで、平均値の差を議論するのは危険です。なぜならば、少数の外れ値が平均値を引き上げているだけなのかもしれないからです。したがって、分散分析を行うときには、必ず、データをグラフ化して、外れ値の有無や、ばらつきの違いなどを視覚的に把握する必要があります。そのためには、次に紹介するドットプロットや、第2章で紹介したヒストグラム、箱ひげ図といったグラフが有効です。ヒストグラムや箱ひげ図はデータの数が多いとき（50〜100以上）、ドットプロットはデータの数が少ないときに使うとよいでしょう。

■ドットプロット

X軸（横軸）をカテゴリ、Y軸（縦軸）を数量にとして、原データをプロットしたグラフをドットプロットと呼んでいます。

この例題の場合は、右のような形になります。

合格者グループと不合格者グループのばらつきはほぼ同じで、合格者グループのほうが点数が高いことを読み取ることができます。

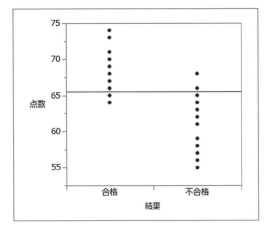

図3.18　結果で分けた点数のドットプロット

■ひし形マーク入りのドットプロット

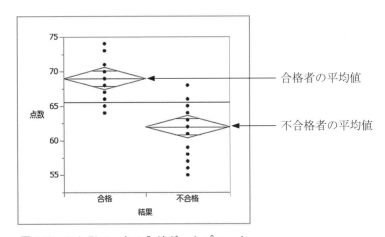

図3.19　ひし形マークの入りドットプロット

各ひし形の中央の直線は各グループの平均値を示します。ひし形の縦の長さ（ひし形の上下の点）が、各グループの母平均の95%信頼区間を表します。ひし形の高さは、データ数の平方根の逆数に比例します。

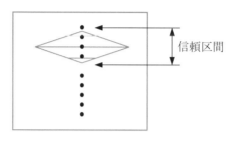

図 3.20　信頼区間

　グループの平均値を示す線から上下に離れた位置に引かれている線はオーバーラップマークです。各グループのデータ数が等しいとき、ひし形の両側のオーバーラップマークが2つとも、別のひし形のオーバラップマークを超えていない場合は、2つのグループの平均値の差は有意でない（統計学的には意味がない）ことを示します。この例では有意な差があることがわかります。

■分散分析の結果
◇分散分析表
　分散分析の結果は、分散分析表と呼ばれる表に整理されます。この例題では、次のような分散分析表が得られます。

表 3.14　分散分析表

分散分析

要因	自由度	平方和	平均平方	F値	p値(Prob>F)
結果	1	490.00000	490.000	38.1557	<.0001*
誤差	38	488.00000	12.842		
全体(修正済み)	39	978.00000			

分散分析表で大切な数値は p 値（有意確率）です。この値は［ p 値(Prob＞F)］の数値から読み取ることができます。この値が有意水準 0.05 より小さいときには、差は有意である、すなわち、グループ間の平均には差が認められると判断します。この例では、「 ＜.0001 」となっていますから、0.05 よりも小さいことになります。したがって、資格試験の合格者と不合格者の間には、授業で実施したテストの平均値に差があるという結論になります。

◇母平均の区間推定

表 3.15　合格者と不合格者の母平均の推定

各水準の平均					
水準	数	平均	標準誤差	下側95%	上側95%
合格	20	69.0000	0.80131	67.378	70.622
不合格	20	62.0000	0.80131	60.378	63.622

平均の標準誤差および信頼区間は、各グループの誤差分散がすべて等しいと仮定したときのものです

　合格者の平均値は 69 で、母平均の 95％信頼区間は 67.378〜70.622 となっています。一方、不合格者の平均値は 62 で、母平均の 95％信頼区間は 60.378〜63.622 となっています。母平均はその集団の真の実力とでも考えるとよいでしょう。

◇ t 検定

　2 つの平均値の差を検定する方法として、分散分析のほかに t 検定と呼ばれる方法があります。分散分析は 2 つ以上の平均値を検定する方法であるのに対して、t 検定は 2 つの場合に限り適用されます。

　この例では、合格者と不合格者の平均値を比較していますから、t 検定による解析も行うことができます。t 検定の結果は次の通りです。

表 3.16　t 検定の結果

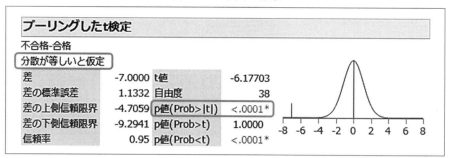

　t 検定においても大切な数値は p 値です。この値は［ p 値（Prob＞｜ｔ｜）］の数値から読み取ることができます。この例では、「＜.0001」となっていますから、有意水準 0.05 よりも小さいことになります。したがって、資格試験の合格者と不合格者の間には、授業で実施したテストの平均値に差があるという結論になります。

　t 検定は、2 つのグループの分散が等しいと仮定するときと、等しいと仮定しないときで計算方法が異なりますので、結果も異なる可能性があります。

（注）JMP では、▼ ボタンのオプションメニューから［　個々の分散を用いた t 検定　］を選択すると、分散が等しいと仮定しない t 検定を実施することができます。

　このように、分散分析の結果と t 検定の結果（分散が等しいと仮定）は一致しましたが、実は一致するようになっているのです。分散分析表の F 値 38.1557 は、t 検定の t 値 −6.17703 を 2 乗したものになっているのです。

【JMP の手順】

手順 ① データの入力

次のようにデータを入力します。

手順 ② 手法の選択

メニューから [分析] > [二変量の関係] と選択します。

次のようなプラットフォームが現れます。

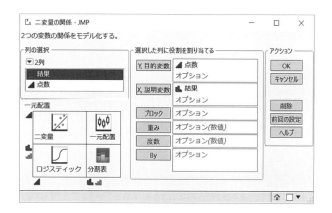

　　　　［ Y, 目的変数 ］→「　点数　」
　　　　［ X, 説明変数 ］→「　結果　」
と選択し、［ OK ］をクリックします。

　次のような結果が得られます。

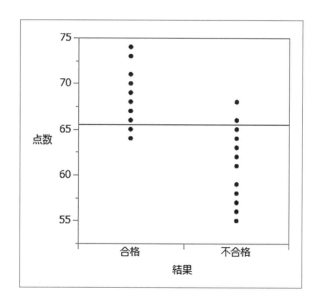

手順 3 検定の表示

［ 結果による点数の一元配置分析 ］の横にある ▼ ボタンをクリックし、［ 平均/ANOVA/
プーリングした t 検定 ］を選択します。

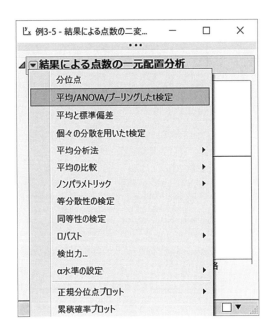

次のような結果が得られます。

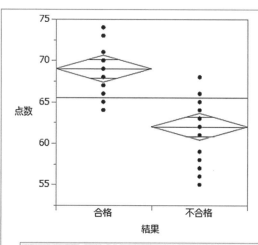

一元配置の分散分析

あてはめの要約

R2乗	0.501022
自由度調整R2乗	0.487892
誤差の標準偏差(RMSE)	3.583588
応答の平均	65.5
オブザベーション(または重みの合計)	40

プーリングしたt検定

不合格-合格

分散が等しいと仮定

差	-7.0000	t値	-6.17703
差の標準誤差	1.1332	自由度	38
差の上側信頼限界	-4.7059	p値(Prob>|t|)	<.0001*
差の下側信頼限界	-9.2941	p値(Prob>t)	1.0000
信頼率	0.95	p値(Prob<t)	<.0001*

分散分析

要因	自由度	平方和	平均平方	F値	p値(Prob>F)
結果	1	490.00000	490.000	38.1557	<.0001*
誤差	38	488.00000	12.842		
全体(修正済み)	39	978.00000			

各水準の平均

水準	数	平均	標準誤差	下側95%	上側95%
合格	20	69.0000	0.80131	67.378	70.622
不合格	20	62.0000	0.80131	60.378	63.622

平均の標準誤差および信頼区間は、各グループの誤差分散がすべて
等しいと仮定したときのものです

3-2 ◉ 連続尺度と名義尺度の関係（名義尺度が目的変数のとき）

例題 3-6

　先の例題において、カテゴリデータである英語の資格試験における合否を結果と考えて、このデータを目的変数として解析せよ。

■ロジスティック回帰分析

　数量データ（連続尺度）とカテゴリデータ（名義尺度）の関係を分析する場合、カテゴリデータのほうを結果と考えるときは、このデータを目的変数として解析します。このときには、ロジスティック回帰分析と呼ばれる統計手法が適用されます。

　ロジスティック回帰は説明変数 x と目的変数 y があり、y がカテゴリデータであるとき、y がある値（この例題では合格または不合格）となる確率 p を考えて、その値をロジット変換した $\mathrm{Logit}(p)$ を目的変数とする回帰分析を行います。

■ロジスティック曲線

　X軸（横軸）を点数、Y軸（縦軸）を合格となる確率 p として、原データをプロットして、ロジスティック回帰により得られるロジスティック曲線を当てはめたグラフを次ページに示します。この曲線を表す具体的な式は、このあとで登場しますが、ロジスティック曲線は、S字型のカーブを描きます。

　合格する正確な確率は、ロジスティック回帰で得られた式によって、予測することになりますが、X軸の点数から、曲線を使って、どの程度の確率で合格するかを読み取ることができます。また、［ 十字ツール ］機能で50%の確率で合格する点数は何点かを読み取ることができ、［ 逆推定 ］機能で50%の確率で合格するには何点とればよいか、という逆の予測もすることができます。

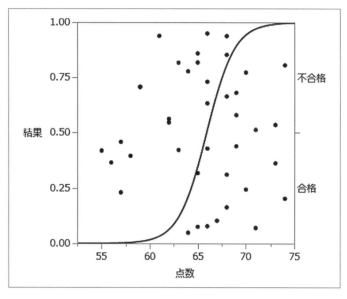

図 3.21　ロジスティック曲線付き散布図

■ロジスティック回帰の結果

　ロジスティック回帰では、説明変数 x と $\mathrm{Logit}(p)$ を 1 次式で表すこと、すなわち、

$$\ln\left(\frac{p}{1-p}\right) = \mathrm{Logit}(p) = b_0 + bx$$

という 1 次式をあてはめることを考えます。

　このような式を求めることができれば、p について式を解くことで、

$$p = \frac{1}{1 + e^{(-z)}} = \frac{1}{1 + \exp(-z)}$$

$$(\text{ここに、} z = b_0 + bx)$$

という式が得られるので、この式を使って、合格になる（あるいは、不合格になる）確率 p を予測することが可能になります。この値が 0.5（50%）を超えているいるかどうかで、合格になるか不合格になるかを予測することができます。

◇回帰式

次のような回帰係数が得られます。

表 3.17　回帰係数

\multicolumn{5}{l}{**パラメータ推定値**}
項	**推定値**	**標準誤差**	**カイ2乗**	**p値(Prob>ChiSq)**
切片	-45.182466	15.248168	8.78	0.0030*
点数	0.68543579	0.2305322	8.84	0.0029*

推定値は次の対数オッズに対するものです： 合格/不合格

［ 推定値は次の対数オッズに対するものです：合格/不合格 ］というコメントが現れていますが、これは確率 p を考えるときに、合格する確率を p としていることを示しています。

$$\mathrm{Logit}(p) = -45.182466 + 0.68543579 \times 点数$$

という回帰式が得られました。

回帰係数の符号が＋になっている変数（点数）は、点数が高い人ほど合格する確率が高くなることを意味しています。

◇回帰式の良さ

回帰式の有意性と寄与率は、次ページのようになります。

［ モデル全体の検定 ］における p 値を見ると、「 ＜.0001 」と表示されていて、基準としている有意水準 0.05 よりも小さいので、回帰式には意味があると判断します。

表 3.18　回帰式の有意性と寄与率

モデル全体の検定				
モデル	(-1)*対数尤度	自由度	カイ2乗	p値(Prob>ChiSq)
差	14.160928	1	28.32186	<.0001*
完全	13.564959			
縮小	27.725887			
R2乗(U)			0.5107	
AICc			31.4542	
BIC			34.5077	
オブザベーション(または重みの合計)			40	

この検定における仮説は次のように表現されます。

帰無仮説 $H_0 : \beta = 0$ 　　　　（回帰式には意味がない）

対立仮説 $H_1 : \beta \neq 0$ 　　　　（回帰式には意味がある）

　寄与率は

$$R^2 = 0.5107$$

と得られています。ロジスティック回帰の寄与率は、回帰分析のときの寄与率に比べると、低い数値が得られる傾向にあるので、寄与率の値だけで、モデルの有効性を判断するのは危険です。

【JMP の手順】

手順 1 データの入力

次のようにデータを入力します。

手順 2 手法の選択

メニューから ［ 分析 ］＞［ 二変量の関係 ］と選択します。

次のようなプラットフォームが現れます。

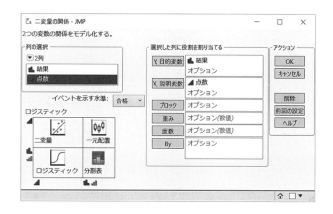

      [Y, 目的変数] →「 結果 」

      [X, 説明変数] →「 点数 」

と選択し、[OK] をクリックします。

次ページのような結果が得られます。

(注) 目的変数に名義尺度を指定したとき、2値（カテゴリ数が2）の場合に限り、どちらの事象に
    注目するかを [イベントを示す水準] で指定することができる。

(注) 3-2項では、目的変数に名義尺度、説明変数に連続尺度を指定したので、ロジスティック回帰
    分析が適用されました。一方、3-1項では、目的変数に連続尺度、説明変数に名義尺度を指定し
    たので、分散分析が適用されました。
      このように、2つの変数の関係を見るときに、一方が名義尺度で、もう一方が連続尺度のとき
    には、どちらを目的変数にするかで解析手法が変わります。

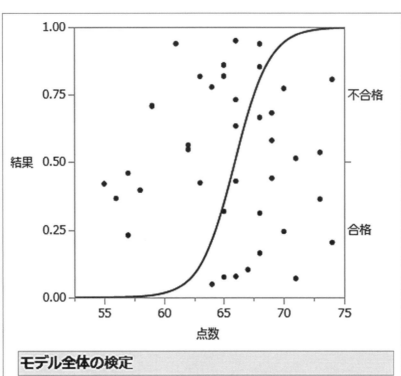

モデル全体の検定

モデル	(-1)*対数尤度	自由度	カイ2乗	p値(Prob>ChiSq)
差	14.160928	1	28.32186	<.0001*
完全	13.564959			
縮小	27.725887			

R2乗(U)	0.5107
AICc	31.4542
BIC	34.5077
オブザベーション(または重みの合計)	40

パラメータ推定値

項	推定値	標準誤差	カイ2乗	p値(Prob>ChiSq)
切片	-45.182466	15.248168	8.78	0.0030*
点数	0.68543579	0.2305322	8.84	0.0029*

推定値は次の対数オッズに対するものです: 合格/不合格

第 4 章

多変量の解析

変数の数が 3 つ以上あるデータを多変量データと呼び、多変量
データを解析する方法を多変量解析と呼んでいます。多変量解
析には、多くの変数が持っている情報を総合的に要約する方法
と、ある変数の数値やカテゴリを予測する方法がありますが、こ
の章では、情報を総合的に要約する方法を紹介します。

Multivariate Analysis

§1 多変量の相関

▶ 複数の変数同士の関係を見る

1-1 ◉ 数値的解析

例題 4-1

　ある飲食店が顧客50人に満足度調査を行った結果、次のようなデータが得られた。これは、清潔感、美味しさ、待ち時間、店内雰囲気、あいさつ、気配りの6つの調査項目について、採点したものである。点数は100点満点に換算している。項目間の関係を数値的かつ視覚的に把握せよ。

表 4.1　データ

客番号	清潔感	美味しさ	待ち時間	店内雰囲気	あいさつ	気配り
1	83	70	90	60	26	43
2	83	73	86	73	53	50
3	73	63	70	76	56	60
4	76	63	70	70	40	46
5	76	70	80	63	33	40
6	76	66	73	66	40	43
7	76	70	70	76	53	56
8	80	66	86	70	46	43
9	73	63	76	63	36	40
10	76	66	73	73	60	56
11	76	66	73	70	50	53
12	70	60	73	73	53	53
13	83	70	80	73	50	53
14	80	70	76	70	53	53

表 4.1 続き

客番号	清潔感	美味しさ	待ち時間	店内雰囲気	あいさつ	気配り
15	76	66	70	70	56	53
16	83	76	86	73	53	50
17	73	70	76	76	46	46
18	83	70	80	73	60	56
19	66	63	53	73	53	53
20	80	70	80	60	36	40
21	80	73	83	63	36	40
22	76	63	73	66	40	43
23	83	76	93	70	50	50
24	80	73	80	73	60	53
25	83	76	80	63	40	43
26	76	66	73	70	60	53
27	70	60	66	66	50	53
28	90	80	93	70	50	50
29	70	60	76	70	46	50
30	80	70	80	70	40	46
31	80	70	80	70	50	50
32	80	76	73	60	50	43
33	73	66	80	63	50	46
34	83	73	80	70	40	46
35	76	66	73	63	40	46
36	83	73	83	73	56	50
37	76	70	70	66	50	43
38	73	60	70	70	53	53
39	76	63	83	73	53	50
40	70	63	60	70	53	53
41	80	66	80	76	60	60
42	83	76	83	66	46	46
43	76	70	73	56	30	33
44	73	70	66	63	36	43
45	73	66	70	66	46	50
46	73	66	70	70	56	50
47	76	63	73	70	50	50
48	73	56	83	73	60	56
49	83	73	86	73	60	53
50	76	63	73	70	46	43

■相関行列

　この例題には変数が6つあります。このように、変数が3つ以上あるデータを多変量データと呼んでいます。

　多変量データを解析するときの基本は、変数を2つずつ組み合わせた相関係数を吟味することです。多変量データの場合、3つ以上の相関係数を求めることができますから、解析結果を行列の形式で整理します。このような行列を相関行列と呼んでいます。

表 4.2　相関行列

相関						
	清潔感	美味しさ	待ち時間	店内雰囲気	あいさつ	気配り
清潔感	1.0000	0.8075	0.7976	-0.0105	-0.0390	-0.1004
美味しさ	0.8075	1.0000	0.5464	-0.1613	-0.1328	-0.2559
待ち時間	0.7976	0.5464	1.0000	0.0103	-0.0700	-0.1225
店内雰囲気	-0.0105	-0.1613	0.0103	1.0000	0.7581	0.8083
あいさつ	-0.0390	-0.1328	-0.0700	0.7581	1.0000	0.8497
気配り	-0.1004	-0.2559	-0.1225	0.8083	0.8497	1.0000

相関はリストワイズ法によって推定されました。

　相関行列における対角要素は、同じ変数同士の相関係数を示しています。したがって、必ず1となり、解釈する意味はありません。

　この例題の場合、「清潔感」、「美味しさ」、「待ち時間」が互いに相関が強く、一方、「店内雰囲気」、「あいさつ」、「気配り」が互いに相関が強いことがわかります。その他の組合せには、相関の強いものは見当たりません。

　相関係数が有意であるかどうかは、相関係数に関する検定や信頼区間を調べてみると、明確になります。

　表4.3のように、相関係数の高いもの同士は、［有意確率］の値を見ると「＜.0001」となっており、いずれも有意であることがわかります。すなわち、統計学的に相関が認められるということです。一方、相関係数の弱いもの同士は、［有意確率］の値を見ると、いずれも有意水準0.05より大きくなっていて、有意でないことがわかります。

表 4.3　相関係数の信頼区間

ペアごとの相関							
変数	vs. 変数	相関	度数	下側95%	上側95%	p値	-.8-.6-.4-.2 0 .2 .4 .6 .8
美味しさ	清潔感	0.8075	50	0.6826	0.8866	<.0001*	
待ち時間	清潔感	0.7976	50	0.6674	0.8805	<.0001*	
待ち時間	美味しさ	0.5464	50	0.3161	0.7158	<.0001*	
店内雰囲気	清潔感	-0.0105	50	-0.2880	0.2686	0.9423	
店内雰囲気	美味しさ	-0.1613	50	-0.4208	0.1225	0.2631	
店内雰囲気	待ち時間	0.0103	50	-0.2688	0.2878	0.9433	
あいさつ	清潔感	-0.0390	50	-0.3139	0.2420	0.7882	
あいさつ	美味しさ	-0.1328	50	-0.3965	0.1512	0.3580	
あいさつ	待ち時間	-0.0700	50	-0.3417	0.2125	0.6292	
あいさつ	店内雰囲気	0.7581	50	0.6081	0.8559	<.0001*	
気配り	清潔感	-0.1004	50	-0.3684	0.1831	0.4880	
気配り	美味しさ	-0.2559	50	-0.4987	0.0242	0.0729	
気配り	待ち時間	-0.1225	50	-0.3876	0.1614	0.3969	
気配り	店内雰囲気	0.8083	50	0.6837	0.8870	<.0001*	
気配り	あいさつ	0.8497	50	0.7484	0.9123	<.0001*	

■偏相関行列

　変数が３つ以上あるときには、その中から選んだ２つの変数は、選ばれていない変数の影響を受けている可能性があります。こうした影響を取り除いて、純粋に２つの変数間の相関関係を示すものが偏相関係数です。

表 4.4　偏相関行列

偏相関						
	清潔感	美味しさ	待ち時間	店内雰囲気	あいさつ	気配り
清潔感	.	0.7548	0.7265	-0.0243	-0.0802	0.1923
美味しさ	0.7548	.	-0.3068	-0.0220	0.1687	-0.2681
待ち時間	0.7265	-0.3068	.	0.1429	0.0108	-0.1769
店内雰囲気	-0.0243	-0.0220	0.1429	.	0.2259	0.4687
あいさつ	-0.0802	0.1687	0.0108	0.2259	.	0.6241
気配り	0.1923	-0.2681	-0.1769	0.4687	0.6241	.

他のすべての変数の影響を取り除いています。

1-2 ◉ 視覚的解析

■散布図行列

　変数を2つずつ組み合わせた散布図を行列の形で並べた図を散布図行列と呼んでいます。
変数間の関係を視覚的に把握することができます。

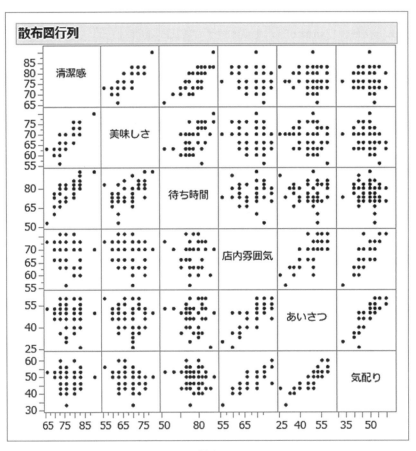

図 4.1　散布図行列

■相関関係のグルーピング

　相関関係の強い変数同士をグループ分けするときには、相関のカラーマップと呼ばれる図が役に立ちます。

　「清潔感」、「美味しさ」、「待ち時間」が１つのグループ、「店内雰囲気」、「あいさつ」、「気配り」がもう１つのグループというように、２つのグループに分かれています。

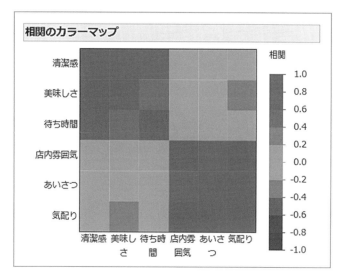

図 4.2　相関関係のグループ分け

■外れ値の検出

　１変数ごとに見たときには外れ値でなくても、いくつかの変数を組み合わせると、外れ値になることがあります。このようなときには、Mahalanobis（マハラノビス）の距離と呼ばれる中心から個々の対象までの距離を計算します。大きな値は長い距離を示していますから、外れ値の可能性があります。

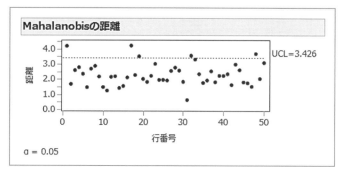

図 4.3　外れ値の検出

【JMP の手順】

手順 ①　データの入力

次のようにデータを入力します。

手順 ②　手法の選択

メニューから、［ 分析 ］＞［ 多変量 ］＞［ 多変量の相関 ］と選択します。

次のようなプラットフォームが現れます。

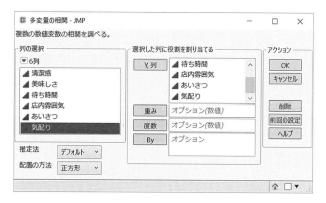

［Y,列］→「清潔感」「美味しさ」「待ち時間」「店内雰囲気」「あいさつ」「気配り」
と設定して、［OK］をクリックします。

手順 3 信頼区間・偏相関係数・カラーマップ・外れ値分析の選択

［多変量］の▼ボタンをクリックして、［偏相関係数行列］、［ペアごとの相関係数］、
［カラーマップ］>［相関のカラーマップ］、［外れ値分析］>［Maharanobisの距離］と選
択します。

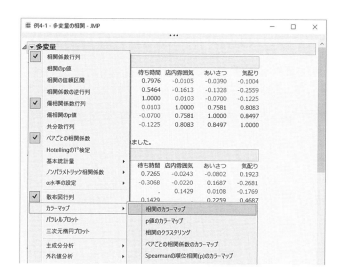

§2 主成分分析
▶ 複数の変数を統合する

2-1 ● 主成分分析の概要

■主成分分析とは

　主成分分析は、解析しようとしている多次元のデータを、そこに含まれる情報の損失をできるだけ少なくして二次元あるいは三次元のデータに縮約する手法です。

　主成分分析を活用すると、観測対象がどのような位置にあるのか視覚的に把握できるようになることから

- ・多数の変数を統合して、新たに総合的な変数を作成する
- ・観測対象をグループ分けする
- ・他の解析手法と併用して、データを　別の観点から吟味する

といった目的で利用されます。

■変数の統合と主成分分析

　右の散布図は、19人の身長と体重のデータをもとに作成したものです。

　散布図を見ると、身長と体重の間には正の相関関係があることがわかります。

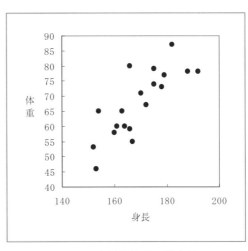

図 4.4　身長と体重の散布図

ここで、散布図上の点の散らばりが最も大きい方向に直線を引いてみます。この直線を軸と考えて目盛りを入れれば、この軸は大柄か小柄かという体格を示すものと考えることができるでしょう。

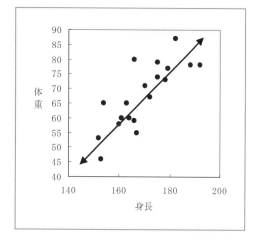

図 4.5　身長と体重の散布図

　さらに、この直線に垂直な直線を引いてみます。これは太っているか、やせているかという体型を示すものと考えることができます。

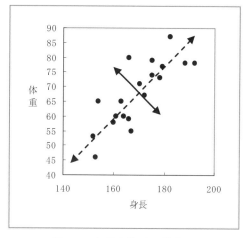

図 4.6　身長と体重の散布図

　主成分分析は、このような軸を求めるための手法で、データを統合して、新しい総合的な変数を作り出すのに使うことができます。

■主成分分析のデータ表

　主成分分析は、収集した多変量データから新しい変数を作り出す手法なので目的変数と説明変数という区別はありません。

　いま、変数の数が k 個（$x_1, x_2, \cdots, x_k$）、観測対象の数が n 個の多変量データがあるとします。観測対象とは、この例では回答者のことです。

表 4.5　主成分分析のデータ表

観測対象	x_1	x_2	x_3	$\cdots$	x_k
1					
2					
$\cdot$					
$\cdot$			データ		
$\cdot$					
$\cdot$					
n					

　このデータをもとに、k 個より少ない m 個の新しい変数 $z_1, z_2, \cdots, z_m$ を作り出すことを考えます。

　新しい変数 $z_1, z_2, \cdots, z_m$ は、もとの変数 $x_1, x_2, \cdots, x_k$ を結合した変数で、次のような式で表せるようにします。

$$z_1 = a_{11} x_1 + a_{12} x_2 + \cdots + a_{1k} x_k$$
$$z_2 = a_{21} x_1 + a_{22} x_2 + \cdots + a_{2k} x_k$$
$$\vdots$$
$$z_m = a_{m1} x_1 + a_{m2} x_2 + \cdots + a_{mk} x_k$$

　求めたいのは $x_1, x_2, \cdots, x_k$ の各係数 $a_{11}, a_{12}, \cdots, a_{mk}$ の値です。

　ここで、新しい変数は、次のような性質を持つようにします。

① z_1 は x_1 から x_k の情報が最大限集約されるようにする。

（ k 個の変数が持っている情報を 1 つの変数 z_1 に集約しようとするのですから、情報の損失が生じます。この損失を最小限に抑えるようにしたいのです。）

② z_2 は x_1 から x_k の情報が z_1 の次にできるだけ多く集約されるようにする。しかも、z_1 とは独立（無関係）になるようにする。

③ z_3 は x_1 から x_k の情報が z_1 と z_2 の次にできるだけ多く集約されるようにする。しかも、z_1 と z_2 とは独立（無関係）になるようにする。

④ 以下、z_m まで同様に考える。

このような条件を満たすように $a_{11}, a_{12}, \cdots, a_{mk}$ を算出しようというのが主成分分析の計算です。

さて、①は z_1 の分散が最大になるようにすることと同じ意味を持っています。そのためには、$a_{11}, a_{12}, \cdots, a_{mk}$ を限りなく大きくすればよいのですが、それでは z_1 が定まりません。

そこで、

$$a_{11}{}^2 + a_{12}{}^2 + \cdots + a_{mk}{}^2 = 1$$

という条件をつけ加えます。②、③、④も同様に考えます。

$$a_{21}{}^2 + a_{22}{}^2 + \cdots + a_{2k}{}^2 = 1$$
$$\vdots$$
$$a_{m1}{}^2 + a_{m2}{}^2 + \cdots + a_{mk}{}^2 = 1$$

$a_{11}, a_{12}, \cdots, a_{mk}$ のことを固有ベクトルと呼んでいます。

この固有ベクトルが求められれば、新変数 $z_1, z_2, \cdots, z_m$ の式に $x_1, x_2, \cdots, x_k$ の具体的な数値を代入することで、観測対象ごとに新変数の値を求めることができます。この数値のことを主成分スコアと呼びます。また、z_1 を第 1 主成分、z_2 を第 2 主成分、$\cdots$、z_m を第 m 主成分と呼んでいます。

■主成分分析の効用

　新変数 $z_1, z_2, \cdots, z_m$ が求まれば、k 個の変数を m 個に集約できたことになります。このことは、どのようなメリットをもたらすかを考えてみましょう。

　いま、6 つの変数からなる多変量データがあるとします。これらの変数の関係を把握するために散布図を利用しようとすると、2 変数ごとに 15 枚の散布図を視察することになります。仮に、主成分分析によって、このデータを 2 つの新変数に縮約できたとすれば、6 変数の情報を 1 枚の散布図で表現でき、情報の読み取りが容易になります。また、その散布図上で視覚的に観測対象のグルーピングが行えるという効用があります。

■データの標準化

　多変量データは、各変数が同じ単位で測定されている場合と変数の単位が不ぞろいの場合とがあります。変数の単位が不ぞろいというのは、身長という変数は cm の単位で測定され、体重という変数は kg の単位で測定されているというような場合です。

　このような場合には、変数ごとにデータを標準化してから、主成分分析を適用するべきです。なぜならば、主成分分析は測定単位の取り方に影響を受けるからです。ものの長さを示す変数であっても、cm の単位で記述されたデータと m の単位で記述されたデータとでは主成分分析の結果が変わりますから、データは標準化しておいたほうがよいといえます。

　データの標準化とは、

各データから平均値を引いて標準偏差で割る

ことで、標準化されたデータは平均値 0、標準偏差 1 となります。変数ごとにデータを標準化することによって、変数間の単位やばらつきの相異を消去することができます。

■主成分分析の種類

　データを標準化せずに直接、原データに対して主成分分析を適用する方法を「分散共分散行列から出発する主成分分析」といい、標準化したデータに対して主成分分析を適用する方法を「相関行列から出発する主成分分析」といいます。

　どちらの行列から出発するかの判断基準は次のように考えます。

- ・各変数の測定単位が異なる　　　　　　　　→　相関行列
- ・各変数のばらつきの違いを反映させたい　　→　分散共分散行列
- ・各変数のばらつきの違いを反映させたくない　→　相関行列
- ・上記以外　　　　　　　　　　　　　　　　→　両方適用

■主成分の数

　理論上、主成分の数は、変数の数（変数の数よりも観測対象の数のほうが小さいときは、観測対象の数）だけ求めることができます。たとえば、変数の数が8個のときには、主成分の数も8個求められます。第1主成分から第8主成分まで存在するわけです。ここで、採用して検討する主成分の数を決める必要があります。なぜならば、第8主成分まで検討するのであれば、もとの8個の変数を検討するのと同じことになるからです。したがって、採用する主成分の数は、もとの変数の数よりも小さくなければ意味がありません。視覚化という観点からは、2つないし3つの主成分で解析結果を検討することが望まれます。しかし、必ずしも、少ない主成分の数で検討することができるという保証はないので、もとの変数の情報の70％程度が、採用する主成分で説明できるようにすることを目標として、主成分の数を決めるといいでしょう。

■主成分分析のデータ

　主成分分析が適用できるのは、量的変数（連続尺度の数量データ）です。質的変数のときには、対応分析を適用することになります。

　ただし、質的変数であっても、男ならば1、女ならば0というように、01型データとして表現したときには、主成分分析の適用も可能になります。複数回答の結果などは、01型データ（選択肢を選んでいれば1、選んでいなければ0）となりますから、このようなデータにも適用することができます。

2-2 ● 主成分分析の実際

例題 4-2

例題4-1のデータに対して、主成分分析を適用して、解析結果を検討せよ。

■主成分分析の結果

◇主成分スコアプロットと因子負荷プロット

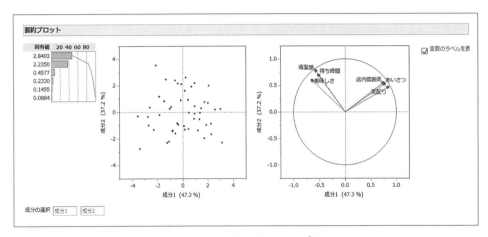

図 4.7　主成分分析の基本的なプロット

　右側の散布図は因子負荷プロットと呼ばれるもので、相関の強い変数同士は近くに位置するようになっています。これを見ると、「清潔感」、「待ち時間」、「美味しさ」が近くに位置していて、「店内雰囲気」、「気配り」、「あいさつ」が近くに位置しています。これらの2つのグループは原点を中心に90°の角度に位置していますが、これは相関が弱い（無相関に近い）という関係にあります。

　中央の散布図は主成分スコアをプロットしたものです。回答者50人の第1主成分のスコアを横軸、第2主成分のスコアを縦軸にして、プロットしています。

◇固有値

表 4.6　固有値

固有値				
番号	固有値	寄与率	20 40 60 80	累積寄与率
1	2.8403	47.339		47.339
2	2.2350	37.250		84.588
3	0.4577	7.629		92.217
4	0.2330	3.884		96.101
5	0.1455	2.425		98.526
6	0.0884	1.474		100.000

　固有値は主成分スコアの分散を示しています。この数値が大きいということは、回答者の主成分スコアのばらつきが大きいことを示しています。ばらつきが大きいと、回答者を区別しやすくなるということで、一般的に、この数値が1以上の主成分を採用するのがよいとされています。したがって、この例題のデータでは第2主成分までを採用するとよいでしょう。第2主成分までで、もとの変数が持っている全情報の84.588%を説明できるということが、[累積寄与率]の数値から、読み取ることができます。

◇固有ベクトルと因子負荷量

表 4.7　固有ベクトル

固有ベクトル						
	主成分1	主成分2	主成分3	主成分4	主成分5	主成分6
清潔感	-0.33962	0.52226	0.03557	0.02815	-0.37657	-0.68413
美味しさ	-0.38059	0.39838	0.67338	-0.16052	0.13930	0.44479
待ち時間	-0.30798	0.46610	-0.69304	0.17562	0.20365	0.36780
店内雰囲気	0.43865	0.36472	-0.13472	-0.77722	0.20889	-0.09330
あいさつ	0.45560	0.35062	0.21383	0.55104	0.52409	-0.21320
気配り	0.49495	0.30875	0.03352	0.18674	-0.69211	0.38038

固有ベクトルは主成分スコアを計算するときに必要となる各変数の係数となります。

第1主成分＝−0.33962×清潔感　　−0.38059×美味しさ−0.30798×待ち時間
　　　　　　＋0.43865×店内雰囲気＋0.45560×あいさつ＋0.49495×気配り

第2主成分＝　0.52226×清潔感　　＋0.39838×美味しさ＋0.46610×待ち時間
　　　　　　＋0.36472×店内雰囲気＋0.35062×あいさつ＋0.30875×気配り

表 4.8　因子負荷量

負荷量行列						
	主成分1	主成分2	主成分3	主成分4	主成分5	主成分6
清潔感	-0.57237	0.78077	0.02407	0.01359	-0.14365	-0.20345
美味しさ	-0.64142	0.59558	0.45557	-0.07749	0.05314	0.13227
待ち時間	-0.51905	0.69682	-0.46888	0.08478	0.07769	0.10938
店内雰囲気	0.73926	0.54526	-0.09115	-0.37518	0.07968	-0.02775
あいさつ	0.76783	0.52417	0.14467	0.26600	0.19993	-0.06340
気配り	0.83415	0.46158	0.02268	0.09014	-0.26402	0.11312

　因子負荷量は、主成分分析のときには、主成分負荷量と呼ばれることもあります。この数値は、各主成分と各変数との相関係数を示しています。相関係数の絶対値が大きいものほど、主成分と変数の関係が強いことを意味していますので、主成分が何を表しているかという解釈をするときに役に立ちます。

■主成分の解釈

　各主成分が何を意味しているかを考えていきましょう。このような作業を主成分の意味付けといいます。第1主成分は、店内雰囲気、あいさつ、気配りと正の相関があり、清潔感、美味しさ、待ち時間とは負の相関があるので、これは店員に満足するタイプか、機能に満足するタイプかを示すものと考えられます。

第1主成分スコアの数値が大きい回答者は、店員に対する満足度が高く、機能に対する満足度が低い回答者です。

　第2主成分はすべての変数と正の相関があるので、総合的な満足度を示すものと考えられます。このスコアが大きな回答者は総合的に満足しているといえます。

　主成分スコアは単純に散布図に表現するだけでなく、質的変数（たとえば、性別、職業）などで、主成分スコアを層別すると、どういう人が満足しているかというようなことを発見することもできます。

■三次元散布図

　JMP には三次元散布図を作成する機能があります。この機能を使って、最初の第1主成分から第3主成分までのスコア、あるいは、最後の第4主成分から第6主成分までのスコアをプロットすると、グループの発見や外れ値の発見に役立ちます。

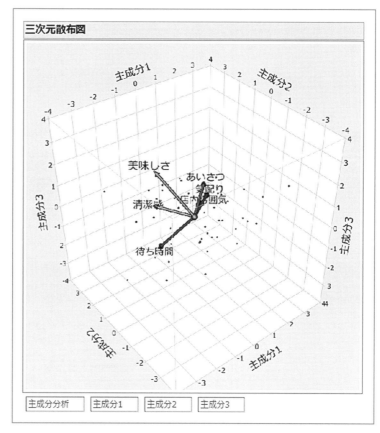

図 4.8　主成分スコアの三次元プロット

【JMP の手順】

手順 ① データの入力

次のようにデータを入力します。

手順 ② 主成分分析の選択

メニューから、[分析] > [多変量] > [主成分分析] と選択します。

次のようなプラットフォームが現れます。

　[Y, 列]→「 清潔感 」「 美味しさ 」「 待ち時間 」「 店内雰囲気 」「 あいさつ 」「 気配り 」
と設定して、[OK]をクリックします。

手順 ③　固有値・固有ベクトル・負荷量行列・三次元スコアプロット

　[主成分分析:相関係数行列から]の ▼ ボタンをクリックして、[固有値]、[固有ベク
トル]、[負荷量行列]、[三次元スコアプロット]を選択します。

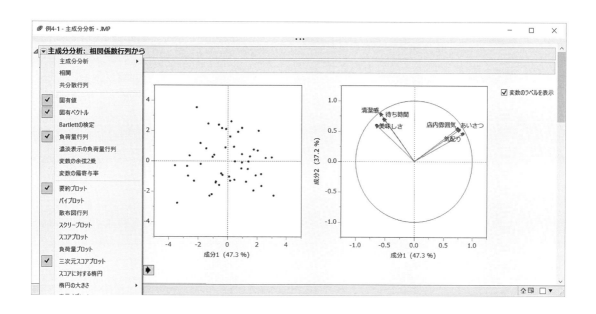

§3 対応分析

▶ カテゴリ同士の関係を視覚化する

3-1 ◉ クロス集計表の対応分析

例題 4-3

　飲食業者に、オーブンレンジを選ぶときに、最も重視することを調査した。

　飲食業は、

　　　　　和食、洋食、中華、エスニック、ファミレス、ファーストフード

の6つに分けた。

　オーブンレンジを選ぶ基準は、

　　　　　温度設定、使いやすさ、掃除のしやすさ、見た目、値段

の5つとした。

　その調査結果を集計したものが、次の分割表である。この分割表に対して、対応分析を適用して、解析結果を検討せよ。

表 4.9　飲食業と選択基準の分割表

	温度設定	使いやすさ	掃除のしやすさ	見た目	値段
和食	7	21	7	4	8
洋食	14	8	5	5	4
中華	5	6	13	3	3
エスニック	5	5	4	9	5
ファミレス	5	6	6	4	14
ファーストフード	4	6	5	4	5

■対応分析とは

対応分析はコレスポンデンス分析（Correspondence Analysis）とも呼ばれています。対応分析が適用できるデータ表は、二元表に整理されたデータで、次の2種類があります。

① 分割表（クロス集計表）
② 01型データ表（自由反応型データ表）

JMP では、対応分析をカテゴリデータ同士の二変量の関係を調べるメニューで実施することができます。01型データ表に対する対応分析は、数量化理論Ⅲ類と呼ばれる手法と同等の手法です。なお、次のようなアイテム・カテゴリ型データ表も01型データ表に変換することで、対応分析が可能です。

アイテム・カテゴリ型
データ表

性別	血液型
男	A
男	B
男	A
女	AB
女	O
男	O
女	A

01型データ表

性別		血液型			
男	女	A	B	O	AB
1	0	1	0	0	0
1	0	0	1	0	0
1	0	1	0	0	0
0	1	0	0	0	1
0	1	0	0	1	0
1	0	0	0	1	0
0	1	1	0	0	0

■基礎的な解析

分割表に対して対応分析を適用する場合は、事前に χ^2 検定やグラフなどを用いた基礎的な解析を行っておくとよいでしょう。これは対応分析の結果を解釈するときに役に立ちます。

◇分割表と χ^2 検定

χ^2 検定の p 値を見ると 0.0011 となっており、有意水準 0.05 より小さく、有意となっています。このことは、飲食業のカテゴリとオーブンレンジを選ぶ基準は、関係があるということを意味しています。

表 4.10 「飲食業」と「選択基準」の分割表

分割表

度数 全体% 列% 行%	選択基準					合計
	温度設定	見た目	使いやす さ	掃除のし やすさ	値段	
エスニック	5	9	5	4	5	28
	2.50	4.50	2.50	2.00	2.50	14.00
	12.50	31.03	9.62	10.00	12.82	
	17.86	32.14	17.86	14.29	17.86	
ファーストフード	4	4	6	5	5	24
	2.00	2.00	3.00	2.50	2.50	12.00
	10.00	13.79	11.54	12.50	12.82	
	16.67	16.67	25.00	20.83	20.83	
ファミレス	5	4	6	6	14	35
	2.50	2.00	3.00	3.00	7.00	17.50
	12.50	13.79	11.54	15.00	35.90	
	14.29	11.43	17.14	17.14	40.00	
中華	5	3	6	13	3	30
	2.50	1.50	3.00	6.50	1.50	15.00
	12.50	10.34	11.54	32.50	7.69	
	16.67	10.00	20.00	43.33	10.00	
洋食	14	5	8	5	4	36
	7.00	2.50	4.00	2.50	2.00	18.00
	35.00	17.24	15.38	12.50	10.26	
	38.89	13.89	22.22	13.89	11.11	
和食	7	4	21	7	8	47
	3.50	2.00	10.50	3.50	4.00	23.50
	17.50	13.79	40.38	17.50	20.51	
	14.89	8.51	44.68	14.89	17.02	
合計	40	29	52	40	39	200
	20.00	14.50	26.00	20.00	19.50	

（飲食業：縦軸ラベル）

表 4.11　分割表の χ^2 検定

検定

N	自由度	(-1)*対数尤度	R2乗(U)
200	20	19.297637	0.0606

検定	カイ2乗	p値(Prob>ChiSq)
尤度比	38.595	0.0075*
Pearson	45.078	0.0011*

◇モザイク図

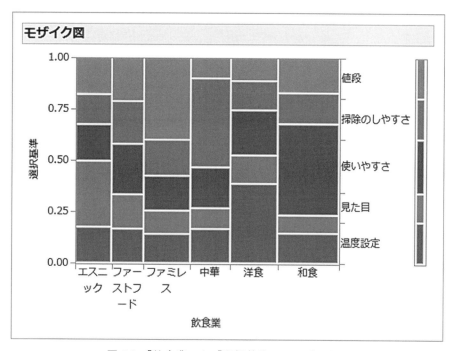

図 4.9 「飲食業」と「選択基準」のモザイク図

　和食は使いやすさ、洋食は温度設定、中華は掃除のしやすさ、ファミレスは値段、エスニックは見た目を選んでいることがわかります。ファーストフードには特徴が見られません。

■対応分析の結果

　対応分析を実施すると、次ページのような分割表における行のカテゴリと列のカテゴリをプロットとした布置図が作成されます。

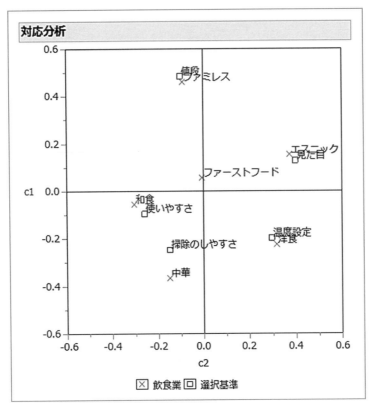

図 4.10　対応分析の布置図

　和食と使いやすさ、洋食と温度設定、中華と掃除のしやすさ、ファミレスと値段、エスニックと見た目が近くに位置しています。各飲食業者が何を重視しているかを読み取ることができます。また、中華と和食が近くに位置していることも発見できます。特徴のないファーストフードは原点（0,0）近くに位置してます。

　対応分析における布置図では、近くに位置する行のカテゴリ同士は、列の分布が似ています。近くに位置する列のカテゴリ同士は、行の分布が似ています。特徴のない平均的なカテゴリは、原点の近くに位置します。

■対応分析の詳細

　対応分析の布置図は、二次元の散布図です。言い方を換えると、もとの分割表が持っている情報を二次元で表現していることになります。もとの情報のうちの何%ぐらいが表現できているかを吟味するには、累積寄与率を検討するとよいでしょう。

表4.12　対応分析の詳細な結果

詳細							
特異値	**慣性**	**割合**	**累積**				
0.26590	0.07070	0.3137	0.3137				
0.25377	0.06440	0.2857	0.5994				
0.24551	0.06027	0.2674	0.8668				
0.17326	0.03002	0.1332	1.0000				
飲食業		**c1**	**c2**	**c3**	**選択基準**	**c1**	**c2**	**c3**
エスニック		0.1537	0.3753	0.0437	温度設定	-0.1965	0.2960	-0.1426
ファーストフード		0.0554	-0.0050	0.0532	見た目	0.1290	0.3985	0.0507
ファミレス		0.4602	-0.0900	0.1403	使いやすさ	-0.0954	-0.2582	-0.2860
中華		-0.3657	-0.1485	0.4428	掃除のしやすさ	-0.2467	-0.1501	0.4100
洋食		-0.2256	0.3189	-0.1928	値段	0.4858	-0.1017	0.0694
和食		-0.0563	-0.3035	-0.2926				

　累積の数値を見ると、最上行に0.3137と表示されています。これは第1次元c_1で、分割表の情報の31.37%を説明できているということを表しています。さらに、その下の行の数値を見ると、0.5994と表示されています。これは、第1次元c_1と第2次元c_2を合わせると、分割表の情報の59.94%を説明できているということを表しています。

　c_1、c_2、c_3の各数値は、布置図を作成するときに用いた座標の数値で、分割表において行となる飲食業のほうは行スコア、列となる選択基準のほうは列スコアなどと呼ばれています。

【JMP の手順】

手順 ① データの入力

次のように分割表のデータを入力します（最初から生データを入力する方法もある）。

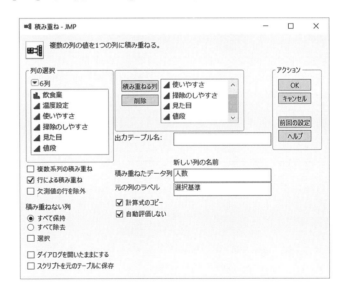

手順 ② データの編集

JMP で集計済みの分割表を解析するには、データを縦に並べる必要があります。

そこで、メニューから［ テーブル ］＞［ 列の積み重ね ］と選択し、プラットフォームでは

［ 積み重ねる列 ］

  →「 温度設定 」

   「 使いやすさ 」

   「 掃除のしやすさ 」

   「 見た目 」

   「 値段 」

［ 積み重ねたデータ列 ］

   →「 人数 」

［ 元の列のラベル ］

   →「 選択基準 」

と設定、入力して、［ OK ］を
クリックします。

次のようなデータ表に変換されます。

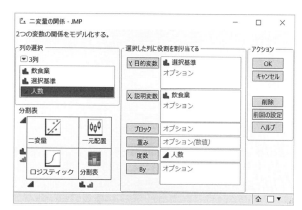

手順 3 編集後のデータの選択

対応分析を実施するには、メニューから［ 分析 ］＞［ 二変量の関係 ］と選択します。
現れたプラットフォームで

　　［ Y, 目的変数 ］ → 「 選択基準 」
　　［ X, 説明変数 ］ → 「 飲食業 」
　　［ 度数 ］　　　　→ 「 人数 」

と設定し、［ OK ］をクリックします。

手順 4 対応分析の選択

［ 飲食業と選択基準の分割表に対する分析 ］の ▼ ボタンをクリックし、［ 対応分析 ］と
選択します。続いて［ 詳細 ］をクリックすると、対応分析の詳細な結果が得られます。

例題 4-4

スポーツの好みについて、次のようなアンケート調査を行った。

次の6つのスポーツの中から、好きなものを選んで○をつけてください。

好きなものはいくつ選んでもいいです。

野球　　サッカー　　ラグビー　　テニス　　ゴルフ　　マラソン

15人のアンケートの結果を一覧表にしたのが、次のデータ表である。1は選択したことを意味し、0は選択しなかったことを意味している。

このデータ表に対して、対応分析を適用して、解析結果を検討せよ。

表 4.13　データ

回答者	野球	サッカー	ラグビー	テニス	ゴルフ	マラソン
1	1	1	0	0	1	0
2	1	1	0	1	0	0
3	0	1	0	0	1	0
4	1	1	0	0	0	0
5	1	1	0	1	0	0
6	1	0	0	0	0	0
7	1	0	1	0	0	0
8	1	0	1	0	0	1
9	0	1	0	1	1	0
10	1	1	0	0	0	0
11	0	0	1	0	0	1
12	0	0	0	1	1	0
13	1	1	0	1	0	0
14	1	0	1	0	0	0
15	1	1	1	1	0	0

■対応分析の結果

01型データ表に対して対応分析を実施すると、次のような布置図が作成されます。

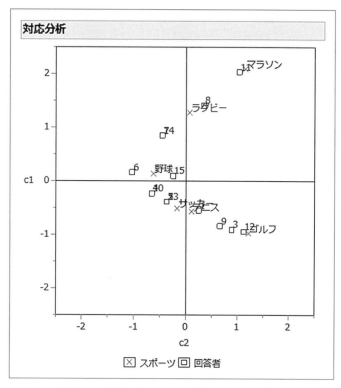

図4.11 「回答者」と「スポーツ」の布置図

01型データ表における対応分析の場合には、選択している回答者の数が多い項目が原点の近くに位置しています。

この例題の場合、野球やサッカーが原点の近くに位置していることから、これらのスポーツは多くの回答者に選択されていることを示しているといえます。

なお、この布置図を作成するためのスコアは次ページのようになっています。

表 4.14　対応分析の詳細な結果

詳細							
特異値	**慣性**	**割合**	**累積**				
0.82501	0.68064	0.4780	0.4780				
0.59554	0.35467	0.2491	0.7271				
0.41842	0.17508	0.1230	0.8501				
0.38509	0.14830	0.1042	0.9543				
0.25522	0.06514	0.0457	1.0000				
スポーツ	**c1**	**c2**	**c3**	**回答者**	**c1**	**c2**	**c3**
ゴルフ	-0.979	1.220	0.5473	1	-0.550	0.246	0.6871
サッカー	-0.514	-0.166	0.1131	2	-0.386	-0.372	-0.4450
テニス	-0.573	0.115	-0.8738	3	-0.905	0.885	0.7891
マラソン	2.089	1.155	-0.2417	4	-0.232	-0.655	0.3766
ラグビー	1.271	0.074	0.0593	5	-0.386	-0.372	-0.4450
野球	0.132	-0.614	0.2021	6	0.160	-1.031	0.4829
				7	0.850	-0.454	0.3123
				8	1.411	0.344	0.0157
				9	-0.835	0.654	-0.1700
				10	-0.232	-0.655	0.3766
				11	2.037	1.031	-0.2179
				12	-0.941	1.121	-0.3902
				13	-0.386	-0.372	-0.4450
				14	0.850	-0.454	0.3123
				15	0.096	-0.248	-0.2984

【JMP の手順】

手順 ① データの入力

次のようにデータを入力します（このとき、回答者番号も入力する）。

回答者	野球	サッカー	ラグビー	テニス	ゴルフ	マラソン
1	1	1	0	0	1	0
2	1	1	0	1	0	0
3	0	1	0	0	1	0
4	1	1	0	0	0	0
5	1	1	0	1	0	0
6	1	0	0	0	0	0
7	1	0	1	0	0	0
8	1	0	1	0	0	1
9	0	1	0	1	1	0
10	1	1	0	0	0	0
11	0	0	1	0	0	1
12	0	0	0	1	1	0
13	1	1	0	1	0	0
14	1	0	1	0	0	0
15	1	1	1	1	0	0

手順 ② データの編集

　このデータを分割表と見て、対応分析を適用するので、データを縦に並べる必要があります。そこで、入力したデータを編集しましょう。

　メニューから［ テーブル ］>［ 列の積み重ね ］と選択すると、プラットフォームが現れるので

　　　　　　［ 積み重ねる列 ］　　　→「 野球 」「 サッカー 」「 ラグビー 」「 テニス 」
　　　　　　　　　　　　　　　　　　　「 ゴルフ 」「 マラソン 」

　　　　　　［ 積み重ねたデータ列 ］→「 度数 」

　　　　　　［ 元の列のラベル ］　　→「 スポーツ 」

と設定、入力して［ OK ］をクリックします。

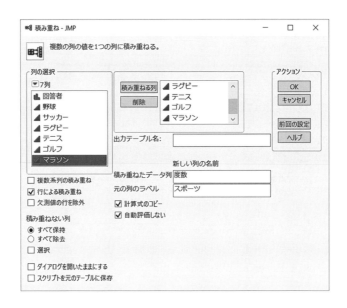

　その結果、縦に並び替えられた次のようなデータ表が作成されるので、そのデータに対して、[分析] > [二変量の関係] から対応分析を適用します。

第 5 章

回帰分析

ある1つの変数の数値やカテゴリを、他の複数の変数を使って予測したいという場面で使われる手法として、回帰分析と呼ばれる方法があります。この章では、数値を予測するときに使う単回帰分析と重回帰分析、カテゴリを予測するときに使うロジスティック回帰分析を紹介します。

Regression Analysis

§1 単回帰分析

▶▶ 2つの変数の関係を式と直線で表す

1-1 ◉ 単回帰分析の実際

> **例題 5-1**
>
> スポーツ選手 40 名について、陸上競技における 5000m 走のタイム（分）と最大酸素摂取量（ml/kg/分）を調べた。

表 5.1　データ

番号	体重当たり 最大酸素摂取量	5000m タイム	番号	体重当たり 最大酸素摂取量	5000m タイム
1	59.4	19.3	21	72.4	16.4
2	71.2	15.6	22	66.8	16.9
3	76.8	13.8	23	67.3	16.0
4	75.2	14.6	24	62.1	17.4
5	62.3	17.2	25	75.6	14.8
6	64.5	16.4	26	80.4	13.8
7	63.4	18.0	27	73.2	15.7
8	76.8	15.4	28	58.4	15.9
9	74.8	15.2	29	63.3	15.6
10	61.5	15.9	30	66.5	15.2
11	72.4	14.7	31	71.4	14.8
12	65.3	16.3	32	73.1	14.2
13	60.4	16.4	33	62.2	17.8
14	69.4	15.2	34	66.0	17.4
15	68.7	15.2	35	68.9	16.5
16	58.8	18.3	36	64.0	16.3
17	69.7	15.7	37	65.7	15.8
18	70.1	15.9	38	70.4	15.1
19	74.5	15.0	39	61.3	17.2
20	63.5	17.4	40	65.6	16.8

最大酸素摂取量をx、5000m 走のタイムをyと表すことにして、このデータから、xの値でyの値を予測するための、次のような式を求めよ。

$$y = b_0 + b_1 x$$

求めたいものは、b_0 と b_1 の具体的な数値である。

■単回帰分析とは

　2つの変数xとyがあるときに、xとyの関係を示す式を求めるには、単回帰分析と呼ばれる方法を適用します。このとき、xとyはともに連続尺度のデータで構成される量的変数です。

　単回帰分析では、2つの変数xとyのデータに、

$$y = b_0 + b_1 x$$

という1次式（直線）をあてはめることを考えます。

　このような問題は、直線回帰の問題とも呼ばれています。

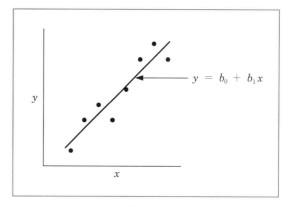

図 5.1　直線のあてはめ

　xの値でyの値を予測しようというとき、予測されるyのことを目的変数（従属変数）、予測するのに使うxのことを説明変数（独立変数）と呼びます。説明変数が2つ以上になる場合の回帰分析は、重回帰分析と呼ばれています。

　回帰分析では、b_0を切片（定数項）、b_1のことを回帰係数と呼んでいます。また、回帰分析を適用して求めた1次式を回帰式、描かれる直線のことを回帰直線と呼びます。

b_0 と b_1 を求めるための計算には最小 2 乗法という理論が背景にあります。回帰分析では、実測値と予測値との差を残差と呼び、右のグラフのような点と回帰直線の差になります。

x と y の n 組のデータがあるとき、残差も n 個だけ存在します。回帰分析では、最小 2 乗法を使って、残差 e_i（$i = 1, 2, \cdots, n$）の 2 乗和が最小になるように b_0 と b_1 を決めます。

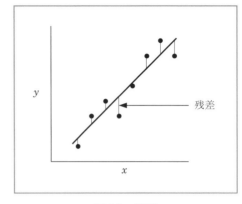

図 5.2　残差

$$y = b_0 + b_1 x$$

という 1 次式（直線）を求めることができれば、この式の x に数値を代入すると、y の値が決まりますから、x の値で y の値を予測することが可能になります。

■単回帰分析の結果と解釈
◇回帰式

表 5.2　回帰係数

パラメータ推定値			
項	推定値	標準誤差	t値	p値(Prob>|t|)
切片	27.57005	1.49927	18.39	<.0001*
最大酸素摂取量	-0.170163	0.022028	-7.72	<.0001*

$$5000\text{m タイム} = 27.57005 - 0.170163 \times \text{最大酸素摂取量}$$

という回帰式が得られました。

予測値と実測値の散布図における信頼区間が、y の平均値の線を含んでいなければ、回帰式には統計的に意味がある（回帰式は有意である）と判断します。

◇散布図と回帰直線

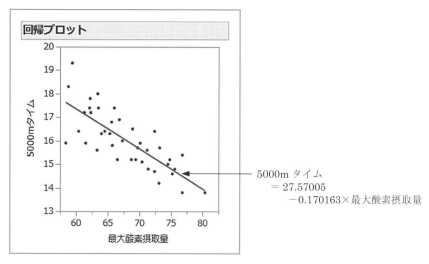

5000m タイム
= 27.57005
−0.170163×最大酸素摂取量

図 5.3　散布図上の回帰直線

◇予測値と実測値

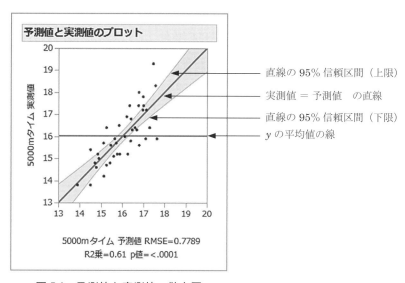

直線の 95% 信頼区間（上限）
実測値 = 予測値　の直線
直線の 95% 信頼区間（下限）
y の平均値の線

図 5.4　予測値と実測値の散布図

◇回帰式の良さ

表 5.3　モデルの適合度

あてはめの要約	
R2乗	0.61095
自由度調整R2乗	0.600712
誤差の標準偏差(RMSE)	0.778916
Yの平均	16.0275
オブザベーション(または重みの合計)	40

　目的変数 y の変動のうち、回帰式によって（説明変数 x によって）説明できる割合を寄与率といい、R^2 という記号で表します。R^2 は 0 以上 1 以下の値をとり、1 に近いほど直線のあてはめがうまくいっていることを示しています。これは回帰式の適合度の指標として利用されます。

　この例題の場合

$$R^2 = 0.61095$$

と得られています。5000m 走の変動の 61% は最大酸素摂取量の変動で説明できるということになります。寄与率は決定係数とも呼ばれています。

　回帰式が予測に役立つかどうかを見るには、寄与率 R^2 の値を見るだけでは不十分です。同時に、残差も検討する必要があります。残差の標準偏差が大きいということは、予測精度が悪いことを意味しています。JMP では ［ RMSE ］（誤差の標準偏差）と表現されていて、その値から

$$残差の標準偏差 = 0.778916$$

と得られています。この数値は、回帰式を使って 5000m 走のタイムを予測したときに、平均して ±0.778916 分ほどの誤差を伴うということを意味しています。

　ちなみに、残差の合計値と平均値は必ず 0 となります。

散布図上のすべての点が直線上にのっているときは、x の値で y の値を誤差なく完全に予測できることになります。このときは、

$$\mathrm{R}^2 = 1$$

$$残差の標準偏差 = 0$$

となります。しかし、実際の場面では、まず見られないでしょう。

◇分散分析表

表 5.4　分散分析表

分散分析				
要因	自由度	平方和	平均平方	F値
モデル	1	36.204760	36.2048	59.6739
誤差	38	23.054990	0.6067	p値(Prob>F)
全体(修正済み)	39	59.259750		<.0001*

　回帰に関する分散分析によって、回帰式に統計的な意味があるかどうかの検定を行うことができます。そのためには分散分析表の p 値を見ます。この値が有意水準 0.05 よりも小さいときに、回帰式に意味があると判断します。

　この例では、「 ＜.0001 」と表示されていて、0.0001 よりも小さいことを意味していますから、基準としている 0.05 よりも小さいので、回帰式には意味があると判断します。

◇残差の検討

　回帰式によって予測した y の値（予測値）は、残差と無関係であることが望ましいモデルです。

　この例の場合、次ページの散布図を見ると、無関係であることがわかりますから、直線をあてはめたモデルを想定することに、問題はないと判断します。

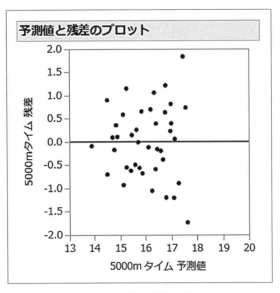

図 5.5　予測値と残差の散布図

【JMP の手順】

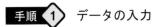 手順 **1** データの入力

次のように、データを入力します。

手順② 手法の選択

メニューから、[分析] > [モデルのあてはめ] と選択します。

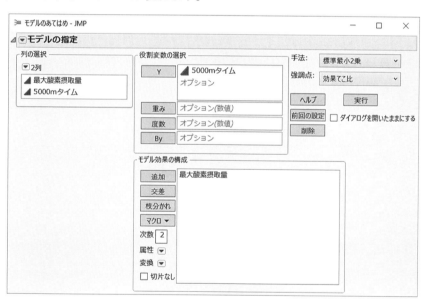

次のようなプラットフォームが現れます。

[Y]　　　　　　　　　→ 「 5000m タイム 」

[モデル効果の構成]　→ 「 最大酸素摂取量 」

[手法]　　　　　　　→ [標準最小 2 乗]

[強調点]　　　　　　→ [効果てこ比]

と設定して、[実行] をクリックします。

1-2 ◉ 単回帰分析における区間推定

■母回帰式の信頼区間

　回帰直線は、収集したデータにもとづいて求めたものですから、データが変われば、同じ母集団から取られたデータであっても、違う回帰直線が求められます。そこで、母集団すべてのデータを利用したときに得られるであろう回帰直線（母回帰という）は、どのような範囲に存在しているかを推定したいという場面が生じます。このようなときに、母回帰式の区間推定が行われます。

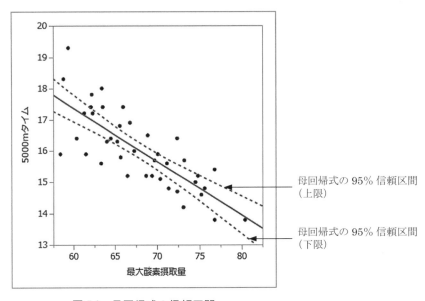

図 5.6　母回帰式の信頼区間

■予測値の信頼区間

　また、回帰式によって予測された数値には誤差が伴うので、予測値がどの範囲の値になるかを知りたいというときには、個々の予測値に対する区間推定が行われます。この場合には、母回帰の信頼区間と区別するために、予測区間と呼ぶことがあります。JMP では「個別の値の信頼区間」と呼んでいます。

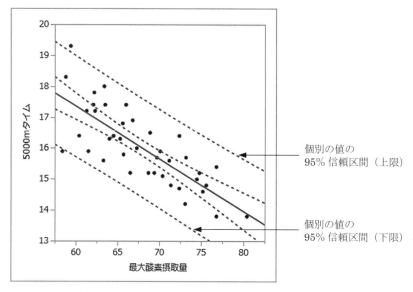

図 5.7　個別の値の信頼区間

【JMP の手順】

手順 ①　データの入力（例題 5 − 1 と同様）

手順 ②　手法の選択

メニューから、[分析] > [二変量の関係] と選択します。

次のようなプラットフォームが現れます。

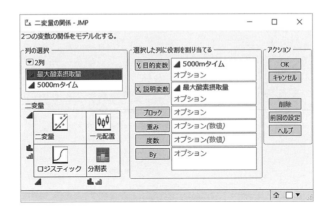

[Y, 目的変数]　→　「 5000m タイム 」

[X, 説明変数]　→　「 最大酸素摂取量 」

と設定して、[OK]をクリックすると、次のような散布図が得られます。

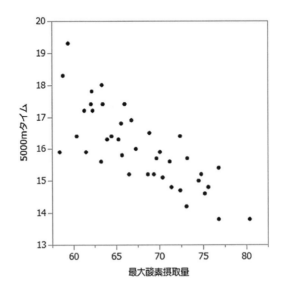

手順 ③ 回帰直線のあてはめ

　［ 最大酸素摂取量と 5000m タイムの二変量の関係 ］の ▼ ボタンをクリックし、［ 直線のあてはめ ］を選択すると、直線が描かれます。

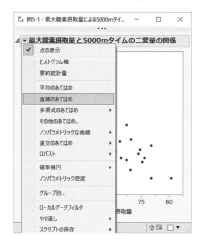

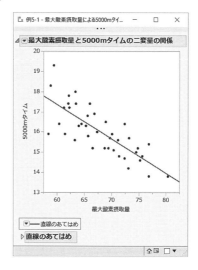

手順 ④ 信頼区間の作成

　グラフ左下の ［ 直線のあてはめ ］の ▼ ボタンをクリックし、［ 回帰の信頼区間 ］と ［ 個別の値に対する信頼区間 ］を選択すると、それぞれの信頼区間を示す曲線が描かれます。

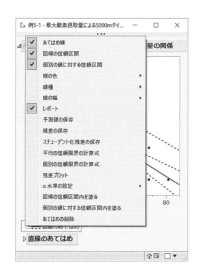

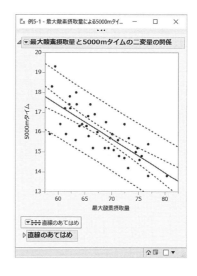

§2 重回帰分析
▶ 1 つの変数の値を複数の変数で予測する

2-1 ● 重回帰分析の実際

例題 5-2

　ある高校の生徒が、学園祭の来場者数を増やすことを目的として、県内の高校で行われた学園祭に関するデータを 40 校について収集した。

　データ表を次ページに示す。

　ポスター枚数を x_1、イベント数を x_2、招待状数を x_3、参加店舗数を x_4、来場者人数を y と表すことにして、このデータから、x_1, x_2, x_3, x_4 と y の関係を示す、次のような式を求めよ。

$$y = b_0 + b_1 x_1 + b_2 x_2 + b_3 x_3 + b_4 x_4$$

　求めたいものは、b_0, b_1, b_2, b_3, b_4 の具体的な数値である。

表 5.5 データ

番号	ポスター枚数	イベント数	招待状	参加店舗数	来場者数
1	300	8	700	20	1590
2	185	3	1000	15	1230
3	350	2	800	30	1140
4	200	8	3000	45	1860
5	135	2	400	10	390
6	250	6	1000	19	1770
7	200	2	600	10	690
8	180	2	100	12	330
9	250	2	100	15	360
10	170	3	300	18	660
11	100	2	400	11	540
12	300	2	600	24	1050
13	500	8	1800	28	1710
14	650	5	800	35	1050
15	165	4	900	25	1290
16	300	6	700	22	1200
17	150	3	600	13	840
18	250	6	500	20	1560
19	280	6	700	24	1350
20	200	2	200	10	360
21	190	2	1300	15	1080
22	350	4	800	20	900
23	180	3	400	17	780
24	550	2	600	22	1020
25	420	5	700	26	1320
26	265	2	500	16	870
27	335	4	700	27	1290
28	180	3	400	10	810
29	205	3	800	20	1080
30	355	2	400	25	660
31	285	6	900	21	1230
32	155	2	800	18	1080
33	185	5	1200	15	1530
34	205	4	1100	15	1470
35	305	6	2900	20	1920
36	390	5	1500	26	1290
37	575	3	800	14	1020
38	135	5	700	19	1050
39	270	3	500	18	840
40	345	2	400	15	540

■重回帰分析とは

　2つ以上の説明変数 $x_1, x_2, \cdots, x_m$ と、1つの目的変数 y があるときに、説明変数 $x_1, x_2, \cdots, x_m$ と y の関係を示す式を求めるには、重回帰分析と呼ばれる方法を適用します。

　重回帰分析では、目的変数 y を m 個の説明変数 $x_1, x_2, \cdots, x_m$ の1次式で表すこと、すなわち、

$$y = b_0 + b_1 x_1 + b_2 x_2 + \cdots + b_m x_m$$

という1次式をあてはめることを考えます。

　b_0 を切片（定数項）と呼び、$b_1, b_2, \cdots, b_m$ のことを偏回帰係数と呼んでいます。

　重回帰分析は、次のような目的で使われる手法です。

　　① 予測　　　（y の数値を $x_1, x_2, \cdots, x_m$ で予測する）
　　② 説明　　　（y の変動を $x_1, x_2, \cdots, x_m$ の変動で説明する）
　　③ 要因解析　（y の変動原因を $x_1, x_2, \cdots, x_m$ の中から見つける）

　予測したい変数が目的変数、予測に使う変数が説明変数になります。要因解析に適用する場合には、目的変数が結果を表す変数で、説明変数が原因を表す変数です。

　回帰分析が適用できるデータのタイプは、目的変数が量的変数（連続尺度）のときです。説明変数は量的変数と質的変数（名義尺度）のどちらも使うことができます。ただし、質的変数を使う場合には、ダミー変数と呼ばれる変数を導入し、カテゴリを数値に変換する必要があります。JMP では、この変換作業を自動的に行いますので、解析者が自ら意識する必要はありません。たとえば、性別という変数に対して、男、女というデータが入力されていたとすると、ダミー変数 x を導入して、

　　　　　　　　　男ならば　$x = -1$　　　　女ならば　$x = 1$

と数値化して、説明変数に利用します。なお、

　　　　　　　　　男ならば　$x = 0$　　　　　女ならば　$x = 1$

と数値化する統計ソフトのほうが多いようです。

■重回帰分析の結果と解釈

◇回帰式

表 5.6　回帰係数

項	推定値	標準誤差	t値	p値(Prob>|t|)	下側95%	上側95%	標準β
パラメータ推定値							
切片	319.2117	107.8894	2.96	0.0055*	100.18458	538.23882	0
ポスター枚数	0.1105267	0.309283	0.36	0.7230	-0.517352	0.7384052	0.03324
イベント数	117.37564	23.85499	4.92	<.0001*	68.947435	165.80384	0.52902
招待状	0.2927451	0.074817	3.91	0.0004*	0.1408576	0.4446327	0.42307
参加店舗数	1.6106076	6.635318	0.24	0.8096	-11.8598	15.081019	0.027728

$$
\begin{aligned}
\text{来場者数} =\ & 319.2117 + 0.1105267 \times \text{ポスター枚数} \\
& + 117.37564 \times \text{イベント数} \\
& + 0.2927451 \times \text{招待状} \\
& + 1.6106076 \times \text{参加店舗数}
\end{aligned}
$$

という回帰式が得られました。

　偏回帰係数の符号は、データの背後にある技術的・学理的知識に照らして検討します。符号が常識と反するとき、その原因の1つに説明変数同士の相関が高いことが考えられます。説明変数同士の相関が強いことを、多重共線性が存在するといいます。

　この例では、どの説明変数の符号も＋になっています。これは一般的な常識と合うように思います。また、単回帰分析における回帰係数の符号とも一致しています。したがって、符号を見るかぎりは、多重共線性の問題は起きていないと思われます。

　なお、偏回帰係数の大小で、各説明変数の来場者数に与える影響の重要度を決めてはいけません。なぜならば、一般的に重回帰分析の説明変数は単位が異なるからです。

◇予測値と実測値

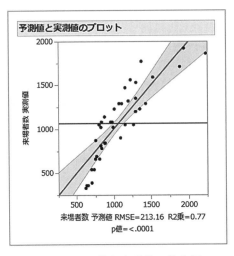

図 5.8　予測値と実測値の散布図

◇回帰式の良さ

表 5.7　モデルの適合度

あてはめの要約	
R2乗	0.768888
自由度調整R2乗	0.742475
誤差の標準偏差(RMSE)	213.1562
Yの平均	1068.75
オブザベーション(または重みの合計)	40

　目的変数 y の変動のうち、回帰式によって（複数の説明変数によって）説明できる割合を寄与率といい、R^2 という記号で表します。R^2 は 0 以上 1 以下の値をとり、1 に近いほど直線のあてはめがうまくいっていることを示しています。これは回帰式の適合度の指標として利用されます。

ここでは

$$R^2 = 0.768888$$

と得られているので、来場者数の変動の 76%は回帰式で（4つの説明変数で）説明できるということになります。寄与率は決定係数とも呼ばれています。

　さて、寄与率は説明変数の数を増やすほど、その変数が目的変数を説明するのに有用なものであろうとなかろうと、高い値になっていくという問題点を抱えています。そこで、無意味な変数を説明変数として使ったときには、その数値が下がるように、自由度で補正した寄与率が提案されています。この寄与率を自由度調整済み寄与率といいます。自由度調整済み寄与率を R^{*2} で表すと、寄与率 R^2 との間には、次のような関係が成り立っています。

$$R^{*2} = 1 - \frac{n-1}{n-m-1}\,(1 - R^2)$$

ここに、n はサンプルサイズ（ケース数）、m は説明変数の数

　本例題では、次のような結果が得られています。

$$\text{自由度調整済み寄与率}\quad R^{*2} = 0.742475$$

　単回帰分析と同様に、回帰式が予測に役立つかどうかを見るには、寄与率 R^2 や自由度調整済み寄与率 R^{*2} の値を見るだけでは不十分で、残差も検討する必要があります。残差の標準偏差は予測精度を意味しています。

$$\text{残差の標準偏差} = 213.1562$$

と得られています。この回帰式を使って、来場者数の値を予測したときに、平均して ± 213 人ほどの誤差を伴うということを意味しています。

◇分散分析表

表 5.8　分散分析表

分散分析				
要因	自由度	平方和	平均平方	F値
モデル	4	5290593.1	1322648	29.1104
誤差	35	1590244.4	45436	p値(Prob>F)
全体(修正済み)	39	6880837.5		<.0001*

　回帰に関する分散分析によって、回帰式に統計的な意味があるかどうかの検定を行うことができます。そのためには分散分析表の p 値を見ます。この値が有意水準 0.05 よりも小さいときに、回帰式に意味があると判断します。この例では、「 ＜.0001 」と表示されていて、基準としている 0.05 よりも小さいので、回帰式には意味があると判断します。

　この検定における仮説は次のように表現されます。

帰無仮説 H_0 : $\beta_1 = \beta_2 = \cdots = \beta_m = 0$　　　　　（回帰式には意味がない）

対立仮説 H_1 : 少なくとも 1 つの j について $\beta_j \neq 0$　　　（回帰式には意味がある）

（注）　$\beta_1, \beta_2, \cdots, \beta_m$ とは母回帰係数のことです。

◇残差の検討

　回帰式によって予測した y の値（予測値）は、残差と無関係であることが望ましいモデルです。散布図を見ると、無関係であることがわかりますから、1 次式をあてはめたモデルを想定することに、問題はなさそうです。

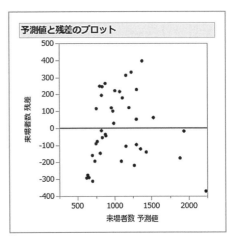

図 5.9　予測値と残差の散布図

◇回帰係数の t 値と p 値

　各説明変数の目的変数 y に対する影響度の大小は、偏回帰係数の値の大小では判断できません。

　たとえば、次のような回帰式が得られたとします。

$$y = 30 + 2\,x_1 + 10\,x_2$$

このときに、x_2 のほうが x_1 よりも y に対する影響力が強いと考えてはいけません。なぜならば、偏回帰係数の値は x_1 と x_2 の単位のとり方によって変化してしまうからです。仮に、x_2 が m（メートル）単位であるときに、これを cm（センチメートル）単位に直すと、偏回帰係数の 10 は 0.1 になります。また、x_1 と x_2 の単位が異なる場合には、比較することができません。

　各説明変数の影響度を判断するためには、各回帰係数の t 値と p 値で判断することになります。どちらで判断しても同じですが、t 値の絶対値が大きな変数ほど、また p 値の小さい変数ほど、目的変数 y を予測する上での影響度が高いと考えられます。

　ここで注意しなければいけないのは、各説明変数ごとの影響度は、すべての説明変数を回帰式に用いた上での話であるということです。

　この例題では、次のような t 値と p 値が得られています。

表 5.9　回帰係数の t 値と p 値

パラメータ推定値

項	推定値	標準誤差	t 値	p 値(Prob>|t|)	下側95%	上側95%	標準β
切片	319.2117	107.8894	2.96	0.0055*	100.18458	538.23882	0
ポスター枚数	0.1105267	0.309283	0.36	0.7230	-0.517352	0.7384052	0.03324
イベント数	117.37564	23.85499	4.92	<.0001*	68.947435	165.80384	0.52902
招待状	0.2927451	0.074817	3.91	0.0004*	0.1408576	0.4446327	0.42307
参加店舗数	1.6106076	6.635318	0.24	0.8096	-11.8598	15.081019	0.027728

　なお、t 値と p 値のほかに、説明変数ごとの影響度を見るのに、標準化回帰係数（標準 β）と呼ばれる値を使うこともあります。標準化回帰係数とは、目的変数と説明変数のデータを標準化してから回帰分析を行ったときの回帰係数で、各変数の単位に依存せずに評価することができるので、t 値と同様に、この値の絶対値が大きいものほど影響度が大きいと判断することができます。

t 値の絶対値は、イベント数、招待状、ポスター枚数、参加店舗数の順に大きいので、この順に y への影響度も大きいと判断します。ただし、このような判断は説明変数が互いに独立であるときに成立するのであって、互いに強い相関関係にあるときには、このような結論は出せなくなります。

p 値によって、偏回帰係数の有意性を判定することができます。有意でない変数は、目的変数 y を予測するのに不要な変数であると結論づけられます。なお、有意でない変数は y と無関係であるということをいっているのではないことに注意してください。

この例題では、ポスター枚数の p 値が 0.7230、参加店舗数の p 値が 0.8096 となっており、有意水準を 0.05 とするならば、p 値は有意水準よりも大きく、不要な変数ということになります。不要ならば、回帰式に使うのはやめましょうという態度で回帰分析を行うのが、変数選択による回帰分析という進め方です。変数選択については次節で解説します。

 ダミー変数について

カテゴリ変数を説明変数に使うと、JMP は内部でダミー変数を作成して、数値化させます。カテゴリが 2 つのときには、一方を 1、もう一方を－1 としていますが、血液型のようにカテゴリの数が 3 つ以上になるときには、JMP では、名義尺度と順序尺度でダミー変数の作り方が変わります。

説明変数

名義尺度	x_1	x_2	x_3
A	1	0	0
B	0	1	0
AB	0	0	1
O	－1	－1	－1

説明変数

順序尺度	x_1	x_2	x_3
4 級	0	0	0
3 級	1	0	0
2 級	1	1	0
1 級	1	1	1

◇てこ比プロット

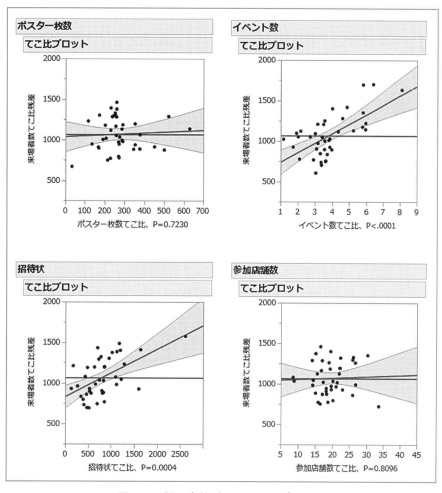

図 5.10　説明変数ごとのてこ比プロット

　水平線が曲線と曲線の間の信頼領域に入っているとき、その説明変数は有意ではありません。曲線が水平線と交差しているときは、その説明変数は有意です。

【JMP の手順】

手順 ① データの入力

次のようにデータを入力します。

手順 ② 手法の選択

メニューから

[分析] > [モデルのあてはめ]

と選択します。

次のようなプラットフォームが現れます。

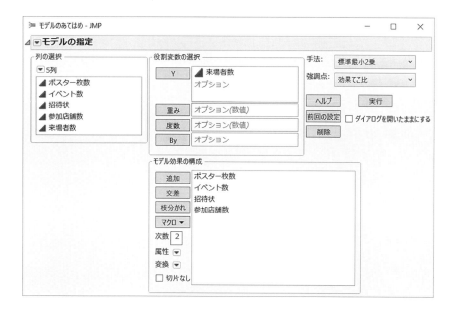

[Y]　　　　　　　　　→　「 来場者数 」

[モデル効果の構成]　→　「 ポスター枚数 」

　　　　　　　　　　　　　　　「 イベント数 」

　　　　　　　　　　　　　　　「 招待状 」

　　　　　　　　　　　　　　　「 参加店舗数 」

[手法]　　　　　　　　→　[標準最小 2 乗]

[強調点]　　　　　　　→　[効果てこ比]

と設定して、[実行] をクリックします。

　パラメータ推定値のテーブルを右クリックし、[列] > [下側 95%]、[上側 95%]、[標準 β] を選択します。

2-2 ● 重回帰分析における変数選択

■変数選択の必要性

目的変数 y を予測するために重回帰分析の適用を考えたときに、利用しようとしている説明変数として、x_1, x_2, x_3 があったとします。このとき3つの説明変数をすべて使わなくても、x_1 と x_2 の2つの説明変数で y を予測でき、x_3 は不要ではないかということを検討するのが変数選択の問題です。

予測に不要な変数を含んだ回帰式、それとは逆に、有効な変数を含んでいない回帰式は、どちらにしても予測精度が悪くなります。したがって、有効な変数と不要な変数を選別し、最適な回帰式を探索することは、重回帰分析を実務で適用する上での課題になります。

■変数選択の方法

重回帰分析における説明変数の選択方法として、次に示す3つの方法が提唱されています。

- ・総当たり法
- ・逐次変数選択法
- ・対話型変数選択法

〔1〕総当たり法

総当たり法というのは、すべての説明変数の組合せについて回帰式を作成し、どの回帰式が良いかを検討する方法です。たとえば、説明変数が x_1, x_2, x_3 と3つあるとすると、説明変数の組合せとして、次の7通りの回帰分析を実施して、回帰式を検討します。

① x_1

② x_2

③ x_3

④ x_1, x_2

⑤ x_1, x_3

⑥ x_2, x_3

⑦ x_1, x_2, x_3

説明変数の数を m とすると、$(2^m - 1)$ 通りの回帰式を算出して検討することになります。この方法は、説明変数の数が少ないときには最良な方法です。

　しかし、説明変数の数が多くなると、計算量は膨大なものになり、検討する回帰式の数が多くなってしまうという欠点があります。たとえば、説明変数の数が 4 のときには、検討しなければいけない回帰式は 15 通りですが、5 のときには 31 通りにもなってしまいます。総当たり法を実施するには、説明変数の数が 4 から 5 までが適当でしょう。

〔2〕逐次変数選択法

　逐次変数選択法は、偏回帰係数の有意性にもとづいて、有効な変数と不要な変数を振り分ける方法です。

　この方法には、変数増加法、変数減少法、変数増減法、変数減増法と呼ばれる 4 つの方法があります。変数増加法と変数減少法は、それぞれ欠点をもっており、その欠点を修正したのが変数増減法と変数減増法です。

　変数増減法は、最初に目的変数と最も関係の強い説明変数、すなわち、p 値の最も小さい説明変数を 1 つ選択します。次に、その変数と組み合わせたときに、p 値の最も小さい変数を選択します。これを順次繰り返します。この過程で、一度選択した変数の中に不要な変数が出てきたときには、その変数を除去するという方法です。

　変数減増法は、最初にすべての説明変数を用いた回帰式を作成します。次に、目的変数と最も関係の弱い説明変数、すなわち、p 値の最も大きな変数を 1 つ除去します。これを順次繰り返します。この過程で、一度除去した変数の中に有効な変数が出てきたときには、その変数を再度選択するという方法です。

　JMP では変数増加法、変数減少法、変数増減法が用意されており、これらの方法を総称して、ステップワイズ法と呼んでいます。

〔3〕対話型変数選択法

　対話型変数選択法は、解析者が変数の追加と除去を、偏回帰係数の p 値（あるいは t 値）を見ながら、技術的・学理的知識による判断も加えて、コンピュータと対話形式で進めていく方法で、変数選択の過程がわかるという利点もあります。ただし、説明変数の数が多くなると、対話型の変数選択は時間がかかります。

例題 5-3

例題 5 − 2 のデータを使って、

[1] ステップワイズ法（変数増減法）による変数選択を行え。

なお、変数を追加および除去する基準は p 値 $= 0.2$ とする。

[2] 対話型変数選択を行え。

[3] 総当たり法を行え。

（1）ステップワイズ法の実際

メニューから、[分析] >[モデルのあてはめ] と選択して、[手法] を [ステップワイズ法] と設定します。変数の投入は先の例題と同じです。

[実行] をクリックすると、次のような画面になります。

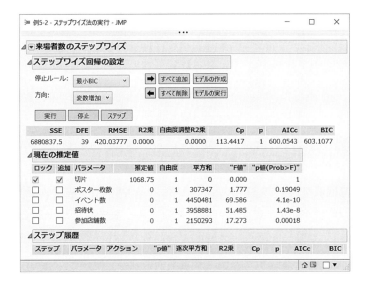

```
［ 停止ルール ］              →  ［ 閾値 p 値 ］
［ 変数を追加するときの p 値 ］  →  「 0.2 」
［ 変数を除去するときの p 値 ］  →  「 0.2 」
［ 方向 ］                    →  ［ 変数増減 ］
```

と設定、入力してから ［ 実行 ］ をクリックすると、次のような結果が現れます。

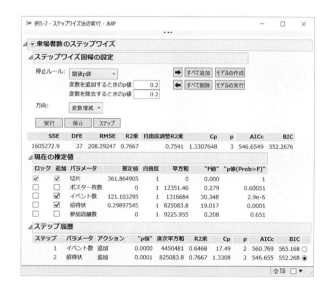

［ 追加 ］ の □ にチェックが入っている「イベント数」と「招待状」の2つの変数が選ば
れていることがわかります。

(注) ［ ロック ］ の □ にチェックを入れておくと、その変数は必ず選ばれます。

（2） 対話型変数選択法の実際

　メニューから、［ 分析 ］＞［ モデルのあてはめ ］と選択して、［ 手法 ］を［ ステップワイズ法 ］とします。変数の投入後、［ 実行 ］をクリックすると、次のような画面になります。ここまでは、ステップワイズ法と同じです。

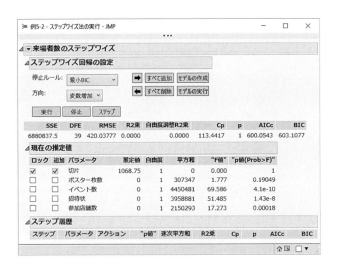

　ここで、［ p 値(Prob>F) ］の最も小さな「 イベント数 」を選択します。このためには、「 イベント数 」の左にある［ 追加 ］の □ をクリックして、チェックを入れます。

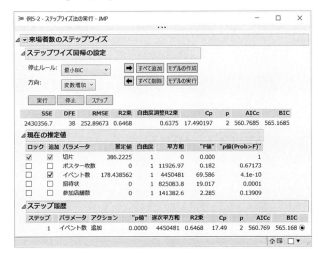

「 イベント数 」が選択されて、回帰係数（推定値）が求められています。

次に、まだ選択されていない変数の中で、[p 値(Prob>F)] の最も小さな「 招待状 」を選択します。

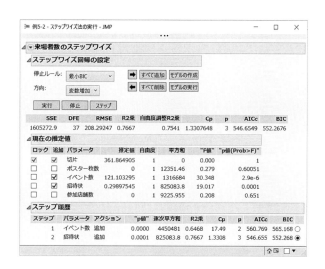

「イベント数」と「招待状」が選択されて、回帰係数（推定値）が求められています。

今度は、「ポスター枚数」と「参加店舗数」の2つの変数が残っています。この2つの変数における [p 値(Prob>F)] を見ると、どちらも大きな値で、通常の基準として考えられている 0.2〜0.3 よりも大きいので、どちらの変数も選択をせずに、ここで止めます。

結果としては、ステップワイズ法（変数増減法）と同じ変数が選択されたことになります。

(注) 変数選択の基準として、p 値による方法のほかに、F 値を使う方法もあります。F 値は、p 値とは逆に大きいものほど重要な変数であると判断します。変数選択の基準としては、1〜4 とするとよいでしょう。

(3) 総当たり法の実際

　メニューから、[分析] > [モデルのあてはめ] と選択して、[手法] を [ステップワイズ法] とします。変数の投入後、[実行] をクリックすると、次のような画面になります。ここまでは、ステップワイズ法と同じです。

　[来場者数のステップワイズ] の ▼ をクリックして、[すべてのモデル] を選択します。

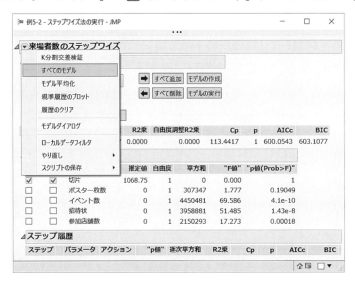

次のようなボックスが現れます。

[モデルの最大項数]　　　　→ 「 4 」　　　※4は説明変数の数
[表示する最良モデルの数]　→ 「 6 」　　　※上位6つまで出力
と入力して、[OK] をクリックします。

　次のページのように、変数のすべての組合せについて、回帰分析のモデルの適合度を示す数値が表示されます。
　説明変数が4つあるので、$2^4 - 1 = 15$ 通りの回帰モデルが作成されています。
　説明変数が1つのときは4通り、2つのときは6通り、3つのときは4通り、4つのときは1通りで合計15通りとなります。
　適合度の良さを示す1つの数値である [RMSE]（残差の標準偏差）に注目すると、「イベント数」と「招待状」を説明変数としたモデルが最も小さい値を示していることがわかります。
　「ポスター枚数」単独では、[RMSE] が大きく、寄与率 R^2 が低くなっています。

すべてのモデル

6個までの最良モデルを項数ごとに表示。モデルに含めた項は最
大4個まで。

モデル	数	R2乗	RMSE	AICc	BIC	
イベント数	1	0.6468	252.897	560.769	565.168	
招待状	1	0.5753	277.297	568.137	572.537	○
参加店舗数	1	0.3125	352.829	587.409	591.809	○
ポスター枚数	1	0.0447	415.917	600.569	604.969	○
イベント数,招待状	2	0.7667	208.292	546.655	552.268	
イベント数,参加店舗数	2	0.6673	248.725	560.847	566.460	○
ポスター枚数,イベント数	2	0.6485	255.662	563.048	568.661	○
招待状,参加店舗数	2	0.6077	270.104	567.444	573.057	○
ポスター枚数,招待状	2	0.5891	276.432	569.297	574.909	○
ポスター枚数,参加店舗数	2	0.3154	356.805	589.715	595.327	○
ポスター枚数,イベント数,招待状	3	0.7685	210.352	548.968	555.648	
イベント数,招待状,参加店舗数	3	0.7680	210.558	549.046	555.726	○
ポスター枚数,イベント数,参加店舗数	3	0.6678	251.984	563.415	570.094	○
ポスター枚数,招待状,参加店舗数	3	0.6090	273.366	569.930	576.610	○
ポスター枚数,イベント数,招待状,参加店舗数	4	0.7689	213.156	551.681	559.269	

図 5.11　総当たり法の結果

重回帰分析における解の一意性

　ステップワイズ法によって選ばれた回帰式が、最も良い式であるとは判断できません。

　たとえば、x_1, x_2, x_3, x_4 の4つの説明変数があるとします。

$$y = 30 + 2x_1 + 4x_3 \qquad \cdots\cdots ①$$
$$y = 30 + 3x_2 + 6x_4 \qquad \cdots\cdots ②$$

という2つの回帰式を作ったときに、①の R^2 が 0.78、②の R^2 が 0.74 であった場合、①のほうが信頼性が高い式であると考えるのは間違っています。この程度の差は、データを数個追加するだけで、変わる可能性があるからです。

　したがって、どの回帰式が良いかという議論は、R^2 のような適合度の指標だけでなく、データ収集のしやすさや、収集にかかる費用なども考慮して決める必要があります。

 重回帰分析における変数選択と要因解析

　ステップワイズ法を要因解析(どの要因が目的変数に影響を与えているか)に用いることがあります。

　たとえば、x_1, x_2, x_3, x_4 の4つの説明変数があるとします。ステップワイズ法によって選ばれた変数が x_1, x_3 の2つであったとしましょう。この結果を次のように解釈するのは要注意です。

「x_1 と x_3 は重要な要因であるが、x_2 と x_4 は重要ではない」

　特に、選ばれなかった変数は要因ではないという結論には注意が必要です。なぜならば、x_2 は x_1 と相関が強いために選ばれなかったのかもしれないからです。

　したがって、要因解析に使うときには、ステップワイズ法だけで結論を出すのではなく、各変数1ずつの単回帰分析も行っておくと良いでしょう。選択されないが、単独で見たときには要因になりうるということも考えられるからです。そのようなことを検討するときには、総当たり法はとても便利な方法です。

2-3 ◉ 多重共線性

■多重共線性とは

重回帰分析では、説明変数同士は互いに独立であることが望まれています。互いに独立とは無関係ということです。しかし、実際には説明変数同士に強い相関関係が生じて、無関係という状態にはならないことがあります。

一般には、説明変数同士に次のような関係が存在している状態を多重共線性が存在しているといいます。

① ある2つの説明変数同士の相関係数が1または−1である。

② ある3つ以上の説明変数同士の関係を1次式で表すことができる。

$$c_1 x_1 + c_2 x_2 + \cdots + c_m x_m = 定数（一定）$$

③ ある2つの説明変数同士の相関係数が1または−1に近い。

④ ある3つ以上の説明変数同士の関係を1次の近似式で表すことができる。

$$c_1 x_1 + c_2 x_2 + \cdots + c_m x_m \fallingdotseq 定数（一定）$$

上記の①または②の状態にあるデータに重回帰分析を適用すると、

「偏回帰係数が求まらない」

という現象を引き起こします。JMPでは、このような状態になることを防ぐために、多重共線性の原因となる変数を検出して、自動的に削除（ゼロに固定）しています。

上記の③または④の状態にあるデータに重回帰分析を適用すると、

「偏回帰係数の符号が単相関係数の符号と合わない」

「偏回帰係数の値が大きく変動する」

「寄与率 R^2 の値は高いのに、個々の偏回帰係数は統計的に有意でない」

といったような不可解な現象を引き起こします。これは厄介な問題です。このようなときには、結果の解釈を慎重に行う必要があります。JMPでは、てこ比プロットとVIFを見ることで、多重共線性が起きているかどうかを検討することができます。

また、重回帰分析を実施する前に、変数間の相関行列や散布図行列を検討しておくことも、多重共線性を検討する上で重要です。

■多重共線性のある数値例

例題 5-4

次のデータに重回帰分析を適用せよ。

表 5.10　データ

x_1	x_2	x_3	y
8	8	4	5
14	10	7	9
16	4	8	10
18	7	9	8
20	13	10	13
14	8	7	8
26	7	13	12
22	12	11	12
20	12	10	11

このデータは、

$$x_1 = 2x_3$$

という関係があるようにして、作成したものです。したがって、完全に多重共線性が生じているデータです。

このデータに、メニューから [分析] > [モデルのあてはめ] で重回帰分析を適用すると、次ページのような結果が得られます。

表 5.11　多重共線性

特異性の詳細	
項	詳細
x1	=2*x3

表 5.12　モデルの適合度

あてはめの要約	
R2乗	0.817969
自由度調整R2乗	0.757293
誤差の標準偏差(RMSE)	1.250646
Yの平均	9.777778
オブザベーション(または重みの合計)	9

表 5.13　回帰係数

パラメータ推定値		推定値	標準誤差	t値	p値(Prob>|t|)
切片		0.9713419	1.839988	0.53	0.6165
x1	バイアスあり	0.3894617	0.086434	4.51	0.0041*
x2		0.2188021	0.154002	1.42	0.2052
x3	ゼロに固定	0	0	.	.

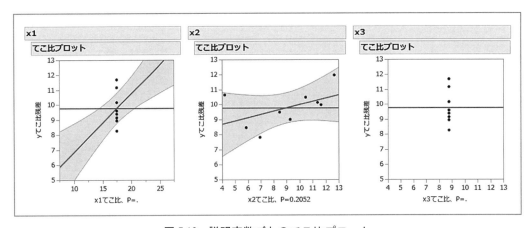

図 5.12　説明変数ごとのてこ比プロット

［特異性の詳細］を見ると、$x_1 = 2x_3$という関係があることを示しています。このことから、完全な多重共線性が存在していることがわかります。

x_1とx_3が多重共線性の原因ですから、一方の変数（x_3）を 0 に固定して、回帰式を求めています。したがって、［パラメータ推定値］より

$$y = 0.9713 + 0.3894\,x_1 + 0.2188\,x_2$$

という回帰式が求められたことになります。

x_1とx_3のてこ比プロットを見ると、多重共線性のために点が中央に集中して、縦に並んでいます。

例題 5–5

次のデータに重回帰分析を適用せよ。

表 5.14　データ

x_1	x_2	x_3	y
8	8	4	5
15	10	7	9
16	4	8	10
19	7	9	8
21	13	10	13
14	8	7	8
25	7	13	12
20	12	11	12
19	12	10	11

このデータは例題 5－4 の x_1 を若干変更したものです。

今度は完全なる多重共線性が存在しているのではなく、x_1 と x_3 に強い相関関係が存在している（相関係数で 0.9814）という状況で、各変数の相関係数は次のようになっています。相関行列の求め方は、メニューから ［ 分析 ］ ＞ ［ 多変量 ］ ＞ ［ 多変量の相関 ］ を適用します。

表 5.15　相関行列

相関				
	x1	x2	x3	y
x1	1.0000	0.2253	0.9814	0.8673
x2	0.2253	1.0000	0.2405	0.4494
x3	0.9814	0.2405	1.0000	0.8699
y	0.8673	0.4494	0.8699	1.0000

相関はリストワイズ法によって推定されました。

　［ 分析 ］ ＞ ［ モデルのあてはめ ］ により、重回帰分析を適用すると、次のような結果が得られます。

表 5.16　モデルの適合度

あてはめの要約	
R2乗	0.825215
自由度調整R2乗	0.720345
誤差の標準偏差(RMSE)	1.342469
Yの平均	9.777778
オブザベーション(または重みの合計)	9

表 5.17　回帰係数

パラメータ推定値					
項	推定値	標準誤差	t値	p値(Prob>|t|)	VIF
切片	0.59469	2.141347	0.28	0.7923	.
x1	0.2312652	0.507962	0.46	0.6680	27.234186
x2	0.2231504	0.165585	1.35	0.2356	1.0649531
x3	0.3577718	0.943465	0.38	0.7201	27.439119

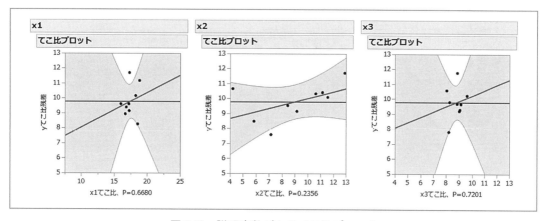

図 5.13　説明変数ごとのてこ比プロット

　x_1 と x_3 のてこ比プロットを見ると、多重共線性のために点が中央に集中して、縦に並んでいます。

　多重共線性を数値で確認するためのものとして、VIF（Variance Inflation Factor）と呼ばれる指標があり、分散拡大要因と訳されています。この値が 10 以上のときには多重共線性に注意する必要があります。x_1 と x_3 の VIF の数値が 10 を超えており、多重共線性が起きていることがわかります。

　VIF を表示するには、パラメータ推定値のテーブルを右クリックし、［ 列 ］＞［ VIF ］を選択します。

　また、寄与率 R^2 の値は高い（0.8252）のに、個々の偏回帰係数は統計的に有意でないという現象が起きています。

§3 ロジスティック回帰分析
▶ 1 つの変数のカテゴリを別の変数で判別する

3-1 ◉ ロジスティック回帰分析の実際

例題 5-6

　ある工場で、作業事故をなくすための改善活動を進めることになった。作業評価の結果を示すデータから、事故を起こしやすい作業員の特徴を探る。

　作業評価は、加工、組立、溶接、点検の 4 つの作業について、上司が評価し、30 点満点のスケール尺度となっている。

　データ表は、次ページに示した。

　加工を x_1、組立を x_2、溶接を x_3、点検を x_4、作業事故経験の有無を y と表すことにする。作業事故を起こす確率を p とするとき、このデータから、$x_1,\ x_2,\ x_3,\ x_4$ と p の関係を示す、次のような式を求めよ。

$$\ln\left(\frac{p}{1-p}\right) = \mathrm{Logit}(p) = b_0 + b_1 x_1 + b_2 x_2 + b_3 x_3 + b_4 x_4$$

　求めたいものは、$b_0,\ b_1,\ b_2,\ b_3,\ b_4$ の具体的な数値である。

表 5.18　データ

作業員	加工	組立	溶接	点検	作業事故
1	15	18	21	9	あり
2	21	24	12	24	あり
3	15	15	9	21	あり
4	24	18	6	15	あり
5	21	15	18	15	あり
6	18	21	12	15	あり
7	21	24	15	12	あり
8	21	21	6	15	あり
9	15	12	12	21	あり
10	21	18	12	18	あり
11	21	15	9	21	あり
12	12	15	9	27	あり
13	12	18	6	12	あり
14	15	27	9	16	あり
15	12	21	12	21	あり
16	12	12	12	18	あり
17	18	21	18	18	あり
18	9	18	18	18	あり
19	15	21	15	21	あり
20	12	21	18	21	あり
21	24	21	21	27	なし
22	18	27	30	24	なし
23	21	24	27	24	なし
24	15	27	21	24	なし
25	27	24	24	21	なし
26	24	15	21	15	なし
27	15	21	18	21	なし
28	12	24	27	21	なし
29	21	24	12	21	なし
30	24	15	21	15	なし
31	27	21	18	21	なし
32	18	15	18	18	なし
33	21	21	21	27	なし
34	21	15	24	21	なし
35	21	21	21	30	なし
36	30	21	27	21	なし
37	21	18	27	21	なし
38	30	21	24	21	なし
39	21	15	21	21	なし
40	21	21	21	18	なし

■ロジスティック回帰分析とは

　2つ以上の説明変数 $x_1, x_2, \cdots, x_m$ と、1つの目的変数 y があるときに、説明変数 $x_1, x_2, \cdots,$ x_m と y の関係を示す式を求めるには、重回帰分析と呼ばれる方法を適用しました。これは y が数量データのときに使われる方法です。本例題のように、y がカテゴリデータのときには、y がある値（この例題では「作業事故あり」または「作業事故なし」）となる確率 p を考えて、その値をロジット変換した $\mathrm{Logit}(p)$ を目的変数とする回帰分析を行います。

　このような回帰分析をロジスティック回帰分析と呼んでいます。第3章でもロジスティック回帰が登場しましたが、この例題では説明変数の数が2つ以上あるところが異なります。このようなロジスティック回帰を特に多重ロジスティック回帰分析と呼んでいます。

　ロジスティック回帰では、m 個の説明変数 $x_1, x_2, \cdots, x_m$ と $\mathrm{Logit}(p)$ の関係を1次式で表すこと、すなわち、

$$\ln\left(\frac{p}{1-p}\right) = \mathrm{Logit}(p) = b_0 + b_1 x_1 + b_2 x_2 + \cdots + b_m x_m$$

という1次式を想定します。

　このような式を求めることができれば、p について式を解くことで、

$$p = \frac{1}{1 + e^{(-z)}} = \frac{1}{1 + \exp(-z)}$$

（ここに、$z = b_0 + b_1 x_1 + b_2 x_2 + \cdots + b_m x_\mathrm{m}$）

という式が得られるので、この式を使って作業事故を起こす（あるいは、起こさない）確率 p を予測することが可能になります。この値が 0.5（50%）を超えているかどうかで、事故を起こすかどうかを予測することができます。

　ロジスティック回帰が適用できるデータのタイプは、目的変数が質的変数（名義尺度、順序尺度）のときです。説明変数は量的変数と質的変数のどちらも使うことができます。ただし、質的変数を使う場合には、ダミー変数と呼ばれる変数を導入し、カテゴリを数値に変換する必要があります。JMP では、この変換作業を自動的に行います。

■ロジスティック回帰の結果と解釈

◇回帰式

表 5.19　回帰係数

項	推定値	標準誤差	カイ2乗	p値(Prob>ChiSq)
パラメータ推定値				
切片	36.80333	18.933227	3.78	0.0519
加工	-0.5426261	0.3195282	2.88	0.0895
組立	0.03228243	0.3144279	0.01	0.9182
溶接	-0.828468	0.430266	3.71	0.0542
点検	-0.6993165	0.542133	1.66	0.1971

推定値は次の対数オッズに対するものです：あり/なし

　［推定値は次の対数オッズに対するものです：あり/なし ］と、最下行にあるので、「作業事故あり」の確率を p（「作業事故なし」の確率は $1-p$）としています。そして、次のような回帰式が求められています。

$$
\begin{aligned}
\text{Logit}(\,p\,) = 36.80333 &- 0.542626 \times 加工 \\
&+ 0.032282 \times 組立 \\
&- 0.828468 \times 溶接 \\
&- 0.699316 \times 点検
\end{aligned}
$$

　回帰係数の符号が＋になっている変数は、点数が高い人ほど「作業事故あり」の確率が高くなり、－になっている変数は、点数が高い人ほど確率が低くなることを意味しています。したがって、この回帰式は、加工、溶接、点検の点数が高く、組立の点数が低い人ほど「作業事故あり」の確率は低くなることを示しています。この場合、組立の符号が常識と照らして不可解に思われますが、最終的には、1変数ごとのロジスティック回帰の結果や、後述する変数選択の結果、多重共線性の問題などと併せて考えることが大切です。この段階では、組立も使った回帰式で詳細を検討することにします。

◇回帰式の良さ

表 5.20　回帰式の有意性と寄与率

モデル全体の検定				
モデル	(-1)*対数尤度	自由度	カイ2乗	p値(Prob>ChiSq)
差	22.118457	4	44.23691	<.0001*
完全	5.607431			
縮小	27.725887			
R2乗(U)			0.7978	
AICc			22.9796	
BIC			29.6593	
オブザベーション(または重みの合計)			40	

　［ モデル全体の検定 ］における p 値を見ると、「 ＜.0001 」と表示されていて、有意水準 0.05 よりも小さいので、回帰式には意味があると判断します。

　この検定における仮説は次のように表現されます。

　　　帰無仮説 H_0：$\beta_1 = \beta_2 = \cdots = \beta_m = 0$　　　　（回帰式には意味がない）

　　　対立仮説 H_1：少なくとも 1 つの j について $\beta_j \neq 0$　　（回帰式には意味がある）

　寄与率は

$$R^2 = 0.7978$$

と得られています。この例題では、高い寄与率が得られていますが、ロジスティック回帰の寄与率は、重回帰分析のときの寄与率に比べると、低い数値が得られる傾向がありますので、寄与率の値だけで、モデルの有効性を判断するのは危険です。

◇誤判別率

表 5.21　分類表

回帰式によって予測した p の値は、「作業事故あり」の確率ですから、その値が 0.5 よりも大きいときには、「作業事故あり」と判別し、0.5 よりも小さいときには、「作業事故なし」と判別することになります。このルールで 40 人を判別したときに、何人が正しく判別され、何人が誤って判別されているかを見るのが、混同行列と呼ばれる分類表です。

この表を見ると、実際に事故を起こした人 20 人のうち、19 人を正しく「作業事故あり」と判別し、1 人を誤って「作業事故なし」と判別していることがわかります。一方、事故を起こしていない人 20 人のうち、18 人を正しく「作業事故なし」と判別して、2 人を誤って「作業事故あり」と判別しています。以上のことから、正解率と誤判別率は次のように計算されます。

$$正解率　= \frac{19 + 18}{40} = 0.925 = 92.5\%$$

$$誤判別率 = \frac{1 + 2}{40} = 0.075 = 7.5\%$$

一般的な目安としては、正解率が 75% から 80% 以上であれば、実用に耐えうる予測式と考えてよいでしょう。

◇個々の予測確率

　先の分類表は、40人全体に対する結果を見たもので、誰が誤判別されているか、誰が作業事故を起こしやすいかということを見ることはできません。そこで、一人一人の「作業事故あり」となる確率を見ていくことにします。

　予測確率は次ページのような結果になっています。

　［確率（あり）］とは、「作業事故あり」の確率、［確率（なし）］とは、「作業事故なし」の確率です。
　たとえば、No.1の人は、

　　　　　　　作業事故ありの確率は0.9961　　　作業事故なしの確率は0.0038

となっています。したがって、No.1の人は「作業事故あり」と判別されます。この判別結果を示しているのが、［最尤 作業事故］です。
　判別結果と、実際の結果が異なるとき、その人を誤判別したことになります。判別結果を見ると、No.2、29、32の3人が誤判別されています。

No.2	ありの確率	0.3676	なしの確率	0.6323	→	事故なし（実際は　あり）
No.29	ありの確率	0.8257	なしの確率	0.1742	→	事故あり（実際は　なし）
No.32	ありの確率	0.5050	なしの確率	0.4949	→	事故あり（実際は　なし）

　ここで、No.32については、確率を見ると、「作業事故あり」と「作業事故なし」の確率が、ほぼ50%ずつですから、もともと判別が難しい人であるのかもしれません。

表 5.22　個々の予測確率

作業員	確率[あり]	確率[なし]	最尤 作業事故	
1	0.99614048	0.00385952	あり	
2	0.36766408	0.63233592	なし	←誤判別
3	0.99909468	0.00090532	あり	
4	0.99986374	0.00013626	あり	
5	0.62016473	0.37983527	あり	
6	0.99931310	0.00068690	あり	
7	0.99534034	0.00465966	あり	
8	0.99997571	0.00002429	あり	
9	0.98815654	0.01184346	あり	
10	0.96952659	0.03047341	あり	
11	0.97703521	0.02296479	あり	
12	0.98832194	0.01167807	あり	
13	0.99999998	0.00000002	あり	
14	0.99998136	0.00001864	あり	
15	0.99824317	0.00175683	あり	
16	0.99971132	0.00028868	あり	
17	0.55326483	0.44673517	あり	
18	0.99331152	0.00668848	あり	
19	0.90284152	0.09715848	あり	
20	0.79765108	0.20234892	あり	
21	0.00000735	0.99999265	なし	
22	0.00000109	0.99999891	なし	
23	0.00000233	0.99999767	なし	
24	0.00950997	0.99049003	なし	
25	0.00000879	0.99999121	なし	
26	0.02600709	0.97399291	なし	
27	0.43629794	0.56370206	なし	
28	0.00250318	0.99749682	なし	
29	0.82573524	0.17426476	あり	←誤判別
30	0.02600709	0.97399291	なし	
31	0.00114900	0.99885100	なし	
32	0.50504388	0.49495612	あり	←誤判別
33	0.00003742	0.99996258	なし	
34	0.00017052	0.99982948	なし	
35	0.00000459	0.99999541	なし	
36	0.00000013	0.99999987	なし	
37	0.00001565	0.99998435	なし	
38	0.00000157	0.99999843	なし	
39	0.00204348	0.99795652	なし	
40	0.01985175	0.98014825	なし	

◇回帰係数の χ^2 値と p 値

　各説明変数の目的変数 y（事故の有無）に対する影響度の大小は、χ^2（カイ2乗）値と p 値の大きさで判断します。

表 5.23　カイ 2 乗と p 値

パラメータ推定値				
項	推定値	標準誤差	カイ2乗	p値(Prob>ChiSq)
切片	36.80333	18.933227	3.78	0.0519
加工	-0.5426261	0.3195282	2.88	0.0895
組立	0.03228243	0.3144279	0.01	0.9182
溶接	-0.828468	0.430266	3.71	0.0542
点検	-0.6993165	0.542133	1.66	0.1971
推定値は次の対数オッズに対するものです：あり/なし				

　χ^2 値と p 値のどちらで判断しても同じですが、χ^2 値が大きな変数ほど、また p 値の小さい変数ほど、目的変数 y を判別する上での影響度が高いと考えられます。この表における χ^2 値と p 値は Wald の検定と呼ばれています。

　さて、ここで注意しなければいけないのは、各説明変数ごとの影響度は、ロジスティック回帰に用いたすべての説明変数を回帰式に用いた上での話であるということです。

　χ^2 値は、溶接、加工、点検、組立の順に大きいので、この順に y への影響度も大きいと判断します。ただし、このような判断は、説明変数同士が互いに独立であるときに成立することで、互いに強い相関関係にあるときには、このような結論は出せなくなります。

　p 値によって、偏回帰係数の有意性を判定することができます。有意でない変数は、目的変数 y を判別するのに不要な変数であると結論づけられます。

　有意性を判定する p 値は、Wald の検定よりも、尤度比検定のほうが精度が良いので、こちらの値を吟味します。

表 5.24　尤度比検定

効果に対する尤度比検定				
要因	パラメータ数	自由度	尤度比カイ2乗	p値(Prob>ChiSq)
加工	1	1	7.07900454	0.0078*
組立	1	1	0.01046988	0.9185
溶接	1	1	22.8885702	<.0001*
点検	1	1	5.9511351	0.0147*

　加工、溶接、点検の p 値が有意水準 0.05 より小さく、事故の有無を判別する上で重要な変数であると判断できます。p 値が 0.05 より大きな変数である組立は、判別には不要な変数ということになります。

　重回帰分析と同様に、不要ならば回帰式に使わないという態度でロジスティック回帰を行うのが、変数選択によるロジスティック回帰です。変数選択については次節で解説します。

【JMP の手順】

手順 ①　データの入力

次のようにデータを入力します。

　メニューから、[分析] > [モデルのあてはめ] と選択すると、次のようなプラットフォームが現れます。

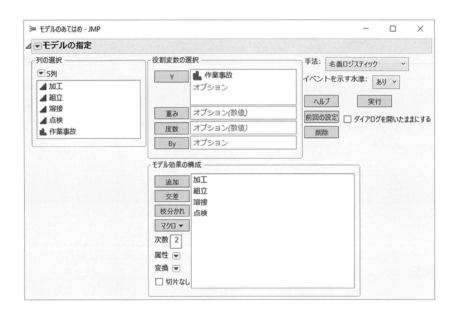

　　　[Ｙ]　　　　　　　　　→　「 作業事故 」

　　　[モデル効果の構成]　→　「 加工 」

　　　　　　　　　　　　　　　　　　「 組立 」

　　　　　　　　　　　　　　　　　　「 溶接 」

　　　　　　　　　　　　　　　　　　「 点検 」

　　　　[手法]　　　　　　　　→　「 名義ロジスティック 」

と設定して、[実行] をクリックします。

(注) [手法] として「名義ロジスティック」が選ばれているとき、2 値（カテゴリ数が 2）の場合に限り、どちらの事象に注目するかを [イベントを示す水準] で指定することができる。

●混同行列と個々の予測確率の求め方

　混同行列と個々の予測確率を求めるには、［ 名義ロジスティックのあてはめ　作業事故 ］
の ▼ ボタンをクリックして、［ 確率の計算式の保存 ］と［ 混同行列 ］にチェックを入れ
ます。

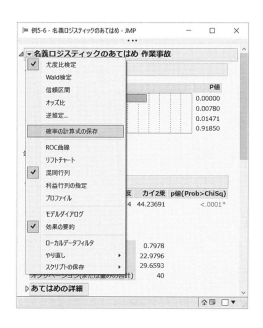

　また、［ 確率の計算式の保存 ］にチェックを入れると、予測確率がデータテーブルの右端
の列に出力されます。

3-2 ● ロジスティック回帰分析における変数選択

■変数選択の実際

重回帰分析と同様に、ロジスティック回帰においても変数選択の問題があります。JMP の
ロジスティック回帰では、逐次変数選択法（ステップワイズ法）と対話型変数選択法を実施
することができます。

例題 5-7

例題 5 − 6 のデータを使って、

[1] ステップワイズ法（変数増減法）による変数選択を行え。

　　　なお、変数を追加および除去する基準は p 値 = 0.2 とする。

[2] 対話型変数選択を行え。

（1）ステップワイズ法の実際

メニューから ［ 分析 ］ > ［ モデルのあてはめ ］ と選択して、［ 手法 ］ を ［ ステップワ
イズ法 ］ とします。

変数の投入は先の例題と同じです。

［ 実行 ］ をクリックすると、次のページのような画面になるので、

［ 停止ルール ］	→	［ 閾値 p 値 ］
［ 変数を追加するときの p 値 ］	→	「 0.2 」
［ 変数を除去するときの p 値 ］	→	「 0.2 」
［ 方向 ］	→	［ 変数増減 ］

と設定、入力します。

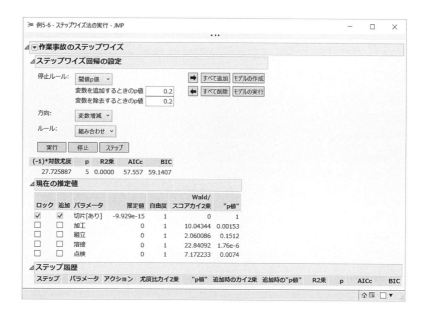

［ 実行 ］をクリックすると、次のような結果が現れます。

表 5.25　ステップワイズ法の結果

現在の推定値					
ロック	追加	パラメータ	推定値	自由度	Wald/ スコアカイ2乗	"p値"
☑	☑	切片[あり]	36.6719082	1	0	1
☐	☑	加工	-0.5381205	1	2.926968	0.08711
☐	☐	組立	0	1	0.010542	0.91822
☐	☑	溶接	-0.8253062	1	3.676728	0.05518
☐	☑	点検	-0.6668747	1	2.468967	0.11611

「加工」、「溶接」、「点検」の3つの変数が選ばれたことがわかります。

（2）対話型変数選択法の実際

　メニューから、［ 分析 ］>［ モデルのあてはめ ］と選択して、［ 手法 ］を［ ステップワイズ法 ］とします。変数の投入後、［ 実行 ］をクリックすると、次のような画面になります。ここまでは、ステップワイズ法と同じです。

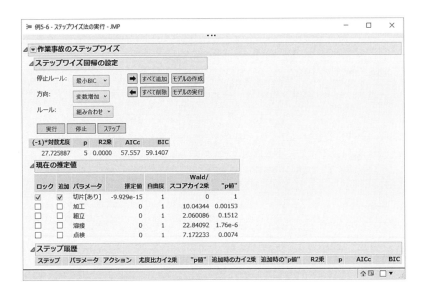

　ここで、［ 有意確率 ］（p 値の別の呼び方）の最も小さな「 溶接 」を選択します。このためには、「 溶接 」の左にある □ ボタンをクリックします。

ロック	追加	パラメータ	推定値	自由度	Wald/スコアカイ2乗	"p値"
☑	☑	切片[あり]	9.11485904	1	0	1
☐	☐	加工	0	1	4.913241	0.02665
☐	☐	組立	0	1	0.796068	0.37227
☐	☑	溶接	-0.5144511	1	9.715192	0.00183
☐	☐	点検	0	1	4.933406	0.02634

「溶接」が選択されて、回帰係数（推定値）が求められています。

次に、まだ選択されていない変数の中で、有意確率の最も小さな変数を選択します。この場合、「加工」の有意確率の値も「点検」の値とほぼ同じなので、どちらを選択してもよいでしょう。このような態度で変数選択することができるところが、対話型変数選択の利点でもあります。

　ここでは、「 点検 」を選択してみます。

現在の推定値						
ロック	追加	パラメータ	推定値	自由度	Wald/スコアカイ2乗	"p値"
☑	☑	切片[あり]	18.9891226	1	0	1
☐	☐	加工	0	1	5.291799	0.02143
☐	☐	組立	0	1	0.002397	0.96096
☐	☑	溶接	-0.6621927	1	7.113379	0.00765
☐	☑	点検	-0.3892629	1	3.302278	0.06918

「溶接」と「点検」が選択されて、回帰係数（推定値）が求められています。

　さらに、まだ選択されていない変数の中で有意確率の最も小さな「 加工 」を選択します。

現在の推定値						
ロック	追加	パラメータ	推定値	自由度	Wald/スコアカイ2乗	"p値"
☑	☑	切片[あり]	36.6719082	1	0	1
☐	☑	加工	-0.5381205	1	2.926968	0.08711
☐	☐	組立	0	1	0.010542	0.91822
☐	☑	溶接	-0.8253062	1	3.676728	0.05518
☐	☑	点検	-0.6668747	1	2.468967	0.11611

「溶接」、「点検」、「加工」が選択されて、回帰係数（推定値）が求められています。

　あとは、「組立」だけが残っています。この変数の有意確率は、0.91822で、通常の基準として考えられている 0.2〜0.3 よりも大きいので、選択をせずに、ここで止めます。

　結果としては、ステップワイズ法と同じ変数が選択されています。

第 6 章

仮説検定

データが語っている何らかの差異、たとえば、体重の男女差が統計学的に意味のある差か、意味のない差かを見分ける方法として、仮説検定（あるいは有意性検定）と呼ばれる方法があります。仮説検定は、解析の目的に応じて様々な方法が提唱されていますが、この章では最もよく使う平均値と割合に関する検定方法を紹介します。

Testing Hypothesis

§1 検定の概要
▶ 検定の目的と用途を理解する

1-1 ◉ 仮説検定の考え方

■仮説検定の必要性

　統計解析における検定とは、仮説検定あるいは有意性検定を省略した呼称で、統計解析の中で最も頻繁に使われる手法です。検定の結果は「有意である」、「有意でない」という表現で結論づけられます。検定を行う場面の多くは、なんらかの比較をした結果、差異が生じたときで、この差が統計的に意味のある差なのか、意味のない差なのかを判定するときに用いることになります。統計的に意味のある差というのは、誤差の範囲を超えていて、偶然の差とは考えられないということで、意味のない差とは、誤差の範囲内で、偶然の差に過ぎないということです。収集したデータが示している何らかの差異というものが、偶然かどうかを判定することは、結論の一般化において、必要不可欠なことで、そのことがデータによる検証方法として、検定が必要になる理由です。

■母集団と標本

　検定の必要性を理解するうえで、あるいは、検定手法そのものを理解する上で重要なのは、母集団と標本(サンプル)という概念です。母集団とは、研究の対象となる集団で、検定においては、興味あるデータの集団ということになります。標本とは、母集団から抜き取られたデータの集団で、私たちが収集したデータは標本のデータであり、母集団の一部に過ぎないと考えます。一方、結論は母集団に対して下したいので、収集したデータにもとづいて、母集団を推測して結論を下すことになります。このための手法として、仮説検定があると考えてよいでしょう。

母集団（データの集まり）

62	49	48	48	51
61	60	47	45	47
57	57	45	46	45
59	66	47	49	55
54	62	47	44	59
49	58	50	44	43
46	64	55	49	51
61	59	55	56	49
41	60	57	60	42
48	54	45	44	52
57	49	51	56	57
54	48	47	52	53
50	51	56	38	54
44	56	51	54	50
53	45	52	58	40
46	50	50	54	49
43	52	47	44	42
50	42	46	45	62
48	48	49	57	54
56	53	42	51	42

抜き取り

標本（母集団の一部）

59	50	45	45	52
57	57	52	44	42

図 6.1　母集団と標本

■母数と統計量

母数とは、母集団の特徴を記述する数値のことで、平均、分散、標準偏差、相関係数などです。母集団の平均は母平均、分散は母分散、相関係数は母相関係数と呼んでいます。統計量とは、実際のデータから計算した数値で、母数の推定値となります。

母数と統計量の区別は、検定を理解する上で極めて重要です。たとえば、収集したデータから計算した平均値は、統計量であって、母平均ではありません。統計量を利用して、母平均がある値に等しいかどうかということを検証するのが検定です。

ここで、母数と統計量を対比させて一覧表を示しておきます。

表 6.1　母数と統計量の対応

母数		統計量	
母平均	μ	標本平均	$\bar{x}$
母分散	σ^2	標本分散	s^2 （V）
母標準偏差	σ	標本標準偏差	s
母相関係数	ρ	標本相関係数	r

■仮説検定の論理

検定では、興味を持っている母数に対して、最初に2つの仮説を設定します。母平均を例にとるならば、次のように2つの仮説を設定します。

仮説1：母平均は80である

仮説2：母平均は80でない

仮説1は帰無仮説と呼ばれ、H_0 と表記されます。仮説2は対立仮説と呼ばれ、H_1 と表記されます。そこで、先の2つの仮説は、検定における流儀では、次のように表現されます。

帰無仮説 H_0：$\mu = 80$

対立仮説 H_1：$\mu \neq 80$

検定では、最初に H_0 が正しいと仮定して話を進めるのが特徴です。母平均 μ は 80 であると仮定したときに、収集したデータから求めた平均値よりもかたよった方向に大きな値が、どの程度の確率で生じるかを計算します。この計算された確率が小さいとき、希有なことが起きたと考えずに、最初に H_0 が正しいと仮定したことに無理があったと考えて、H_0 を否定（棄却）し、H_1 が正しいだろうと判定します。こうした進め方が検定の論理です。

■p 値・有意確率・有意水準

H_0 が正しいと仮定したときに、収集したデータから求めた統計量よりもかたよった方向に大きな値が生じる確率を計算することになるのですが、この確率を p 値（または有意確率）と呼んでいます。この値が小さいとき、H_0 は棄却されます。p 値が小さいかどうかの判定基準を有意水準と呼び、一般的に α という記号で表現されます。p 値が α よりも小さいときは H_0 を棄却して、大きいときは H_0 を棄却しないというのが検定の規則です。H_0 が棄却されたとき、「有意である」という言い方をします。統計学では従来より、有意水準 α を 0.05 とするのが習慣です。

■対立仮説

対立仮説の立て方には、つぎの 3 通りがあります。

$$\text{対立仮説 } H_1 : \mu \neq 80$$
$$\text{対立仮説 } H_1 : \mu > 80$$
$$\text{対立仮説 } H_1 : \mu < 80$$

「 $\neq$ 」のときを両側仮説、「 $>$ 」および「 $<$ 」のときを片側仮説と呼んでいます。同じデータであっても、対立仮説が変われば、結論も変わります。どの対立仮説を用いるかは、解析者が、何を検証しようとしているかで決めることになります。3 通り試してみるという方法は誤りです。

一般に、対立仮説として $\mu > 80$ とするのは、理論的に $\mu < 80$ がありえない場合や、$\mu < 80$ を検出することに実務的な意味がない場合です。

■2種類の誤りと検定力

　検定は、母集団の一部のデータを使って、母集団全体の結論を導こうとするので、結論が誤っている可能性がつきまといます。本当は帰無仮説 H_0 が真であるときに、H_0 を棄却する誤りを第1種の過誤といいます。この確率は有意水準 α と一致します。一方、本当は帰無仮説 H_0 が真でないときに、H_0 を棄却しない誤りを第2種の過誤といいます。その確率は β という記号で表されます。

表6.2　検定における誤り

		本当の状態	
		H_0	H_1
検定の結果	H_0	○	第2種の過誤（β）
	H_1	第1種の過誤（α）	○

　β は H_0 が真でないときに、H_0 を棄却しない誤りを犯す確率になりますから、$1-\beta$ は H_0 が真でないときに、H_0 を棄却する確率となり、これを検定力（検出力）と呼んでいます。

■検定と推定

　検定と併用されることが多い統計的方法として、区間推定と呼ばれる方法があります。検定は、母数がある値に等しいか異なるかを判定するものですが、区間推定はどの程度異なるのかを示すものです。その結論の信憑性は信頼率という形で保証されています。通常は信頼率として 0.95 という数値を用います。信頼率 0.95 の信頼区間を 95%信頼区間と呼びます。区間推定の結果は、つぎのような形で結論づけられます。

$$76.5 \leqq \mu \leqq 84.5$$

　信頼率 95%というのは、この区間が母平均 μ を含んでいる確率が 95%であることを意味しています。

■検定の種類

検定にはさまざまな種類がありますが、何を検定したいかという観点で分けると、つぎのように整理できます。

① 分布形に関する検定 …… 得られたデータが正規分布に従っているかどうかを判定したいという場面で用いられます。

② 平均に関する検定 …… 母平均がある値に等しいかどうか、2つの母平均に差があるかどうか、3組以上の母平均に差があるかどうか判定したいという場面で用いられます。

③ 分散に関する検定 …… 母平均がある値に等しいかどうか、2つの母分散に違いがあるかどうか、3組以上の母分散に違いがあるかどうか判定したいという場面で用いられます。

④ 割合に関する検定 …… 母割合がある値に等しいかどうか、2つの母割合に違いがあるかどうか、3組以上の母割合に違いがあるかどうか判定したいという場面で用いられます。

⑤ 相関に関する検定 …… 母相関係数が0に等しいかどうか、すなわち、相関があるのかないのかを判定したいという場面で用いられます。

⑥ 独立性に関する検定 …… 分割表において、行項目と列項目に関係があるかないかを判定したいという場面で用いられます。

⑦ モデルに関する検定 …… 回帰分析やロジスティック回帰において、得られたモデルとデータが適合しているかどうかを判定したいという場面で用いられます。

1-2 ◉ 仮説検定の進め方

■母平均に関する検定の例

ある製品の 10 個の重量（ g ）が得られたとしましょう。

49	44	55	57	46
40	52	58	53	56

この平均値は 51 です。このデータが取られた母集団の平均値（母平均）μ は 48 より大きいといえるかどうかを考えることにましょう。

ここで、母集団のデータは正規分布に従っているものとし、母集団の標準偏差（母標準偏差）σ は 6 としておきます。

このときの仮説は次のように設定されます。

帰無仮説 H_0：母平均は 48 である　　　（$\mu = 48$）

対立仮説 H_1：母平均は 48 より大きい　（$\mu > 48$）

まず、帰無仮説 H_0 が成立していると仮定します。すなわち、μ は 48 であると仮定します。$\mu = 48$、$\sigma = 6$ の母集団から抜き取られた平均値 $\bar{x}$ は、

$$母平均 \mu = 48 \qquad 母標準偏差 \frac{\sigma}{\sqrt{n}} = \frac{6}{\sqrt{10}}$$

の正規分布に従うことが知られています。

そこで、$\bar{x}$ が 51 より大きくなる確率を求めます。この確率が p 値（有意確率）です。p 値を求めることは、計算式が複雑ですので、筆算では不可能です。

この例では、p 値 $= 0.028$ と求められます。

p 値が小さいかどうかを判断するための有意水準を 0.05 とすると、

$$p 値 = 0.028 < 0.05$$

となりますから、有意です。すなわち、48 より大きいと判断します。

以上の話を図で表現すると、次のようになります。

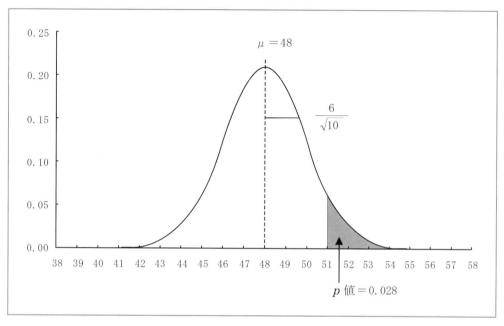

図 6.2　p 値

　実際の場面では、σ の値は未知であることが多いので、σ の代わりに、データから計算した標準偏差の値 s を使うことになります。そして、

$$t = \frac{\bar{x} - \mu}{\frac{s}{\sqrt{n}}}$$

と計算された値が t 分布と呼ばれる分布に従うことを利用して、p 値を計算します。t 分布を利用することから、このような検定を t 検定と呼んでいます。

■母割合に関する検定の例

いま、2つの食品AとBを30人に試食してもらい、どちらがおいしく感じたかを回答してもらうことにしました。その結果が次のようになったとしましょう。

Aのほうがおいしい　　21人

Bのほうがおいしい　　 9人

AとBでは、おいしいと感じた人数に差があるといえるかどうかを考えてみます。

このときの仮説は次のように設定されます。

帰無仮説 H_0 : AとBに差はない

対立仮説 H_1 : AとBに差がある

まず、最初に、帰無仮説 H_0 が成立していると仮定します。すなわち、AとBに差はないと仮定します。これは、Aが選ばれる確率とBが選ばれる確率は等しく、0.5であると仮定したことになります。

さて、この仮定（選ばれる確率は0.5）のもとで、一方が21人以上、一方が9人以下となる確率を求めます。この確率が p 値（有意確率）となります。

この例では、p 値 = 0.042 と求められます。

p 値が小さいかどうかを判断するための有意水準を0.05とすると、

p 値 = 0.042 < 0.05

ですから、有意です。すなわち、AとBには差があると判断できます。

さて、この検定は、Aのほうがおいしいという母集団の割合（母割合）を π で表すと、次のように表現することもできます。

帰無仮説 H_0 : $\pi = 0.5$

対立仮説 H_1 : $\pi \neq 0.5$

母割合が想定している値（この例では 0.5）に等しいかどうかを検定する方法は、二項分布と呼ばれる分布を確率の計算に使うことから、二項検定と呼ばれています。

　二項分布と p 値の関係は、次の図のようになります。

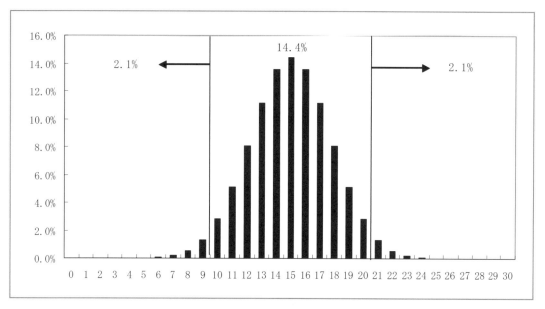

図 6.3　二項分布と p 値

　この図から、両側検定の場合、p 値は、（2.1% ＋ 2.1%）で、4.2% となります。

§2 検定の実際

▶▶ 検定手法を用いた解析を実践する

2-1 ◉ 2つの平均値の違いに関する検定

例題 6-1

　英語の学力調査をするため、同じ試験問題をAとBの2つの塾で実施した。試験はAとBの各塾から、それぞれランダムに選んだ20人ずつの生徒に対して行われた。

　AとBの平均値に差があるかどうか検定せよ。

表6.3　データ

A	B
80	80
70	84
90	82
85	90
90	95
80	85
73	95
85	90
95	85
60	68
90	95
85	85
75	98
85	96
80	85
75	70
70	77
70	88
80	80
85	88

■2つの平均値の比較

　この例題における A と B の各20人は何の関係もない2つのグループです。このような2つのグループを独立した2つの標本と呼んでいます。2つの独立した標本における平均値の差が統計的に意味のあるものかどうかを判定する（＝2つの母平均に差があるかどうかを判定する）ための検定手法が t 検定です。t 検定については、第3章の3節でも解説しているので、そちらも振り返って見てください。

　この例題で検定しようとしている仮説は、次のように表されます。

$$帰無仮説\ H_0：\mu_A = \mu_B$$
$$対立仮説\ H_1：\mu_A \neq \mu_B$$

　※ μ は母平均を意味します。

■t 検定

　この例題に t 検定を適用すると、次のような結果を得ることができます。

◇ドットプロット

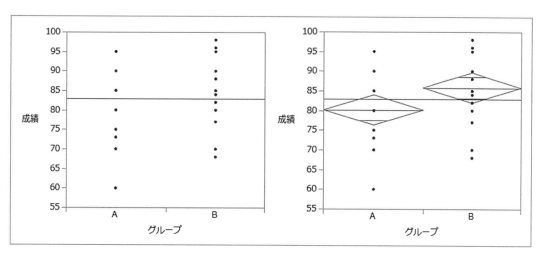

図 6.4　ドットプロット

◇分散が等しいと仮定した t 検定の結果

表 6.4　t 検定の結果（分散が等しいと仮定）

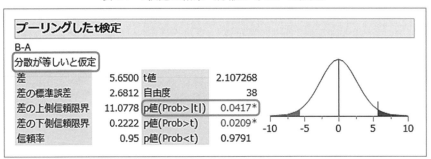

t 検定の p 値は［ p 値(Prob>| t |)］の数値から読み取ることができます。この例では、0.0417 となっていますから、有意水準 0.05 よりも小さいことになり、有意です。したがって、A と B の平均値には差があるという結論になります。

　検定は、２つのグループの母集団の分散が等しいと仮定したときと、等しいと仮定しないときで計算方法が異なります。上記の結果は分散が等しいと仮定したときの結果です。

◇分散が等しいと仮定しない t 検定の結果（Welch の t 検定）

表 6.5　t 検定の結果（分散が等しいと仮定しない）

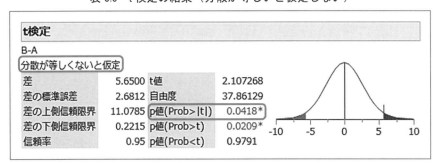

t 検定の p 値は 0.0418 となっていますから、有意水準 0.05 よりも小さいことになり、有意です。したがって、この場合も、A と B の平均値には差があるという結論になります。

母集団の分散が等しいと仮定したときと仮定しないときの結果を比較してみると、ほとんど結果が変わらないことがわかります。しかし、このことは常に成立するわけではないことに注意してください。結果が大きく変わらないのは、2 つのグループにおけるデータの数が等しいからです。データの数が大きく異なると、この 2 つの検定の結果も大きく異なる可能性があります。

さて、母集団の分散が等しいと仮定するのがよいか、仮定しないのがよいかは、データの背景にある知識や、グラフなどから判断しますが、母集団の分散が等しいかどうかの検定も存在します。等分散性の検定と呼ばれる方法で、その検定結果を次に示します。

■等分散性の検定

表 6.6　分散が等しいことを調べる検定の結果

検定	F値	分子自由度	分母自由度	p値
O'Brien[.5]	0.0770	1	38	0.7829
Brown-Forsythe	0.1547	1	38	0.6963
Levene	0.1300	1	38	0.7204
Bartlett	0.0680	1	.	0.7943
両側F検定	1.1289	19	19	0.7944

等分散性の検定方法はいくつか紹介されていますが、よく使われる方法は Levene の検定と F 検定です。どちらに注目しても、p 値は有意水準 0.05 よりも大きく、有意ではありません。すなわち、2 つのグループの分散に違いは認められません。

■Wilcoxon の順位和検定

t 検定は、データが正規分布に従っていると仮定できるような状況で用いられます。この仮定が満たされないときには、特定の分布を仮定しないで使うことができるノンパラメトリック検定と呼ばれる方法で処理することになります。2 つの平均値の比較に用いるノンパラメトリック検定は、Wilcoxon の順位和検定（Mann-Whitney の検定とも呼ばれる）です。

表 6.7　Wilcoxon の順位和検定の結果

Wilcoxon/Kruskal-Wallisの検定(順位和)					
水準	度数	スコア和	スコアの期待値	スコア平均	(平均-平均0)/標準偏差0
A	20	340.000	410.000	17.0000	-1.898
B	20	480.000	410.000	24.0000	1.898

2標本検定(正規近似)		
S	Z	p値(Prob>|Z|)
480	1.89760	0.0577

　Wilcoxon の順位和検定の p 値は 0.0577 となっていますから、有意水準 0.05 よりも大きく、有意ではありません。この場合には、A と B には差があるとはいえないという結論になります。

【JMP の手順】

手順 ①　データの入力

右のようにデータを入力します。

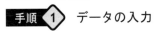

手順 2 手法の選択

メニューから、［分析］＞［二変量の関係］と選択すると、次のようなプラットフォーム
が現れます。

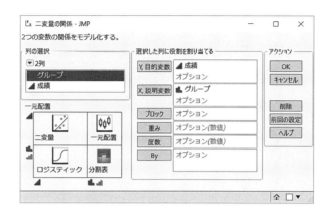

［Y, 目的変数］→「成績」

［X, 説明変数］→「グループ」

と設定して、［OK］をクリックします。

手順 3 検定の選択

［グループによる成績の一元配置分析］の▼ボタンをクリックして、［平均/ANOVA/
プーリングした t 検定］、［個々の分散を用いた t 検定］、［ノンパラメトリック］＞
［Wilcoxon 検定］、［等分散性の検定］にチェックを入れます。

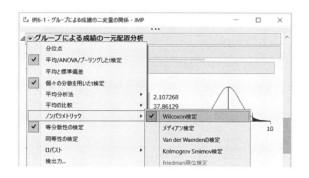

2-2 ● 対応のある平均値の違いに関する検定

英単語力の調査方法を研究するため、20人の学生に、難易度が同じ試験をWEB方式と筆記方式で、各人に1回ずつ（合計2回）受験させた。どちらの方式で先に受験するかという順序の問題が生じないように、受ける順番はランダムとした。

表 6.8　データ

番号	WEB	筆記
1	66	75
2	65	72
3	40	48
4	43	38
5	88	76
6	69	62
7	43	49
8	69	82
9	55	66
10	48	54
11	80	86
12	95	84
13	37	43
14	50	60
15	56	63
16	55	59
17	43	50
18	56	65
19	87	79
20	68	77

WEB方式と筆記方式の平均値に差があるかどうか検定せよ。

■対応のあるデータ

　この例題は、WEB 方式と筆記方式による試験を、20 人が両方受けています。したがって、同一人物のデータであるという点でペアになっています。ペアを作ることができるようなデータの集団を対応のある標本といいます。

　この例題で検定しようとしている仮説は、次のように表されます。

$$帰無仮説 \ H_0 : \mu_{\text{WEB}} - \mu_{\text{筆記}} = 0$$
$$対立仮説 \ H_1 : \mu_{\text{WEB}} - \mu_{\text{筆記}} \neq 0$$

■対応のある t 検定
◇Tukey の差－平均プロット

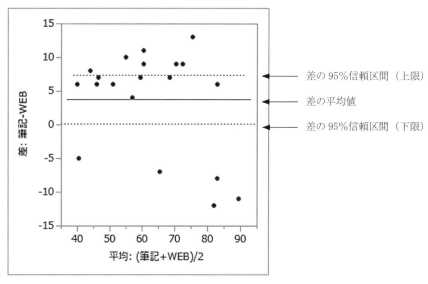

図 6.5　Tukey の差－平均プロット

　水平線が差の平均値を示し、その上下に差の 95% 信頼区間を表す点線が表示されています。0 が信頼区間の中に挟まれている場合は、差の平均値が有意水準 0.05 で、有意でないことを意味します。

◇対応のある t 検定の結果

表 6.9 　t 検定の結果（対応があるとき）

筆記	64.4	t値	2.178723
WEB	60.65	自由度	19
差の平均	3.75	p値(Prob>|t|)	0.0421*
標準誤差	1.72119	p値(Prob>t)	0.0211*
上側95%	7.3525	p値(Prob<t)	0.9789
下側95%	0.1475		
N	20		
相関	0.89451		

t 検定の p 値は 0.0421 となっています。有意水準 0.05 よりも小さいので、差は有意です。したがって、WEB 方式と筆記方式の平均値には差があるという結論になります。

■Wilcoxon の符号付き順位検定

　対応があるときのノンパラメトリック検定として、Wilcoxon の符号付き順位検定と符号検定があります。データに外れ値が存在したり、データに特定の分布を仮定できない（正規分布と仮定できない）ときに有効な検定方法です。

表 6.10 　Wilcoxon の符号付き順位検定の結果

Wilcoxonの符号付順位検定	
	筆記-WEB
検定統計量S	46.500
p値(Prob>|S|)	0.0835
p値(Prob>S)	0.0417*
p値(Prob<S)	0.9583

　Wilcoxon の符号付き順位検定の p 値は 0.0835 です。有意水準 0.05 よりも大きいので、差は有意でなく、WEB 方式と筆記方式の平均値に差は認められないという結論になります。

■符号検定

　符号検定は、試験の点数が、「WEB > 筆記方式」となる場合の数と、「WEB < 筆記方式」
となる場合の数の割合が、50%かどうかを検定する方法です。

表 6.11　符号検定の結果

符号検定	
	筆記-WEB
検定統計量M	5.000
p値(Prob ≥ |M|)	0.0414*
p値(Prob ≥ M)	0.0207*
p値(Prob ≤ M)	0.9941

　符号検定の p 値は 0.0414 となっています。有意水準 0.05 よりも小さいので、差は有意で
す。したがって、WEB 方式と筆記方式の平均値には差があるという結論になります。

 2 つの平均値の差に関する検定の種類

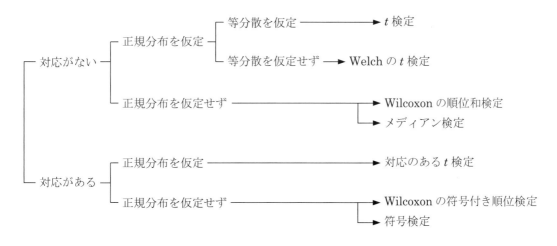

【JMP の手順】

手順 ① データの入力

次のようにデータを入力します。

手順 ② 手法の選択

メニューから、[分析] > [発展的なモデル] > [対応のあるペア] と選択します。

次のようなプラットフォームが現れます。

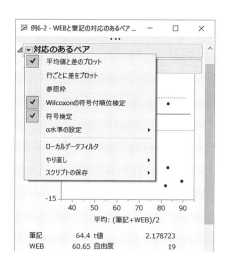

　　　　［ Y, 対応のある応答 ］→「 WEB 」「 筆記 」
と設定して、［ OK ］をクリックします。

手順 3 検定の選択
　［ 対応のあるペア ］の▼ボタンをクリックして、［ Wilcoxon の符号付順位検定 ］と
［ 符号検定 ］を選択します。

2-3 ◉ 2つの割合の違いに関する検定

例題 6-3

あるアンケートで、60人に次のような質問を行った。

　〔質問１〕あなたの性別をお答えください。　　　　　　　　（　男・女　）

　〔質問２〕商品Aのデザインは好きですか嫌いですか。　　　（好き・嫌い）

２つの質問の答えを一覧表にしたのが次のデータである。

男と女でデザインの好き嫌いに差があるかどうか検定せよ。

表 6.12　データ

回答者	性別	好み	回答者	性別	好み	回答者	性別	好み
1	男	嫌い	21	男	好き	41	女	好き
2	男	嫌い	22	男	好き	42	男	嫌い
3	男	好き	23	男	嫌い	43	男	嫌い
4	女	嫌い	24	女	好き	44	女	好き
5	男	好き	25	男	嫌い	45	男	好き
6	男	嫌い	26	男	嫌い	46	女	好き
7	女	嫌い	27	女	好き	47	女	好き
8	女	好き	28	男	嫌い	48	女	好き
9	男	嫌い	29	男	嫌い	49	男	好き
10	男	嫌い	30	女	好き	50	女	好き
11	女	好き	31	女	嫌い	51	男	嫌い
12	女	嫌い	32	男	嫌い	52	女	好き
13	女	好き	33	男	嫌い	53	男	好き
14	女	嫌い	34	男	嫌い	54	女	好き
15	男	好き	35	男	好き	55	男	嫌い
16	男	嫌い	36	男	嫌い	56	女	好き
17	男	好き	37	男	好き	57	女	嫌い
18	女	好き	38	女	好き	58	女	好き
19	女	嫌い	39	女	嫌い	59	女	好き
20	女	好き	40	女	嫌い	60	女	嫌い

■2つの割合の比較

　この例題は、商品Aのデザインを好む割合（比率）が、男と女で違いがあるかどうかを検定することになります。この検定には、分割表の検定を用います。

　この例題で検定しようとしている仮説は、次のように表されます。

<blockquote>

帰無仮説 H_0：男と女でデザインを好む割合は同じである

対立仮説 H_1：男と女でデザインを好む割合に違いがある

</blockquote>

さらに、これらの仮説は以下のように表現することもできます。

<blockquote>

帰無仮説 H_0：性別とデザインの嗜好は独立である

対立仮説 H_1：性別とデザインの嗜好は独立でない

</blockquote>

■モザイク図

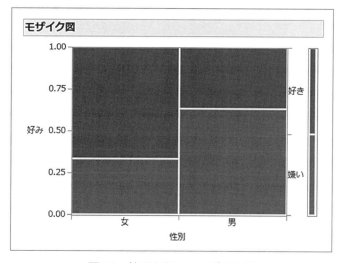

図 6.6　性別と好みのモザイク図

　デザインを好む割合は、女のほうが男よりも多いように見えます。

■分割表に関する検定

2つの割合を検定するときには、2×2分割表に関する検定を行います。

◇分割表

表 6.13 「性別」と「好み」の分割表

分割表			
		好み	
度数 全体% 列% 行%	嫌い	好き	合計
女	10	20	30
	16.67	33.33	50.00
	34.48	64.52	
	33.33	66.67	
男	19	11	30
	31.67	18.33	50.00
	65.52	35.48	
	63.33	36.67	
合計	29	31	60
	48.33	51.67	

分割表の列%を見ると、

女で　嫌いが 34.48%　　好きが 64.52%

男で　嫌いが 65.52%　　好きが 35.38%

となっています。

このような場合、好きに注目して、男女で割合に差があるかどうかを検定することになります（嫌いに注目しても同じ検定になります）。

◇検定の結果

表 6.14 　分割表に関する χ^2 検定と Fisher の正確検定

検定			
N	**自由度**	**(-1)*対数尤度**	**R2乗(U)**
60	1	2.7453334	0.0661

検定	カイ2乗	p値(Prob>ChiSq)
尤度比	5.491	0.0191*
Pearson	5.406	0.0201*

Fisherの正確検定	p値	対立仮説
左片側検定	0.0189*	Prob(好み=好き)は、性別=女の方が男より大きい
右片側検定	0.9954	Prob(好み=好き)は、性別=男の方が女より大きい
両側検定	0.0379*	「好み=好き」である確率は、「性別」の水準間で異なる

χ^2 検定の p 値は、0.0201 となっていて、有意水準 0.05 よりも小さいので有意です。したがって、デザインを好む割合は男女で差があるという結論になります。

また、Fisher の正確検定と呼ばれる検定方法があります。この検定の p 値は 0.0379 となっています。こちらの検定においても、有意になっています。

分割表の検定は通常、 χ^2 検定が行われますが、期待度数と呼ばれる値が 5 未満のセルがあると、検定結果が信用できないといわれています。このときには、次のようなメッセージが現れます。

> 警告: 平均セル度数が5未満です。尤度比カイ2乗に問題がある可能
> 性があります。

【JMP の手順】

手順 ① データの入力

次のようにデータを入力します。

性別	好み

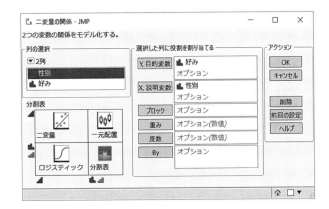

手順 ② 手法の選択

メニューから [分析] > [二変量の関係] と選択すると、次のようなプラットフォームが現れます。

[Y,目的変数] → 「 好み 」
[X,説明変数] → 「 性別 」
と設定して、[OK] をクリックします。

参考 ■ 母割合の区間推定

　母割合の差に関する区間推定の結果は、[性別と好みの分割表に対する分析] の ▼ ボタンを
クリックして、[割合の 2 標本検定] を選ぶことで得られます。

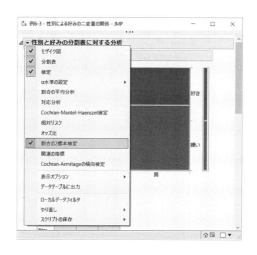

割合の2標本検定			
説明	割合の差	下側95%	上側95%
P(嫌い|女)-P(嫌い|男)	-0.3	-0.51623	-0.04627
調整済みWald検定			
(帰無仮説)		p値	
P(嫌い|女)-P(嫌い|男) ≤ 0		0.9905	
P(嫌い|女)-P(嫌い|男) ≥ 0		0.0095*	
P(嫌い|女)-P(嫌い|男) = 0		0.0190*	

　女性と男性の嫌いの割合の差に関する 95％信頼区間は、−0.51623〜−0.04627 となっており、
女性のほうが、嫌いである母割合は、男性よりも、51.623％〜4.627％ほど低いことが示されてい
ます。

2-4 ◉ 順序尺度に関する検定

例題 6-4

　A、B、Cの3種類のチーズがある。評価する人を60人集めて、これをランダムに20人ずつ、3つのグループに分けて、グループごとに評価するチーズを決めた。評価する内容は、チーズの美味しさに関する嗜好で、5段階で評価した。その結果を整理したものが、次のデータである。

　3種類のチーズの間の好ましさに差があるかどうか検定せよ。

表 6.15　データ

A	B	C
3	3	3
1	1	3
2	1	3
4	1	5
2	1	2
5	1	1
3	3	2
3	2	1
2	1	3
4	4	3
2	1	4
3	2	3
3	3	1
2	2	3
3	1	3
4	3	4
3	3	4
5	1	5
1	3	4
4	1	3

1：嫌い　2：少し嫌い　3：どちらでもない　4：少し好き　5：好き

■順序尺度による比較

この例題は、好ましさに関して、A、B、C の 3 つの平均値を比較することになります。3つ以上の平均値を比べるときには、分散分析が使われます。ところが、分散分析は特性値が連続尺度のときに使われる手法で、この例題における好ましさを示す数値は順序尺度と考えるべきです。順序尺度のときには、分散分析の代わりに、Kruskal-Wallis の検定やメディアン検定が使われます。

■Kruskal-Wallis の検定

Kruskal-Wallis の検定結果は次のようになります。

表 6.16　Kruskal-Wallis の検定結果

水準	度数	スコア和	スコアの期待値	スコア平均	(平均-平均0)/標準偏差0
A	20	699.000	610.000	34.9500	1.441
B	20	412.500	610.000	20.6250	-3.208
C	20	718.500	610.000	35.9250	1.759

Wilcoxon/Kruskal-Wallisの検定(順位和)

一元配置検定(カイ2乗近似)

カイ2乗	自由度	p値(Prob>ChiSq)
10.3803	2	0.0056*

p 値は 0.0056 となっており、有意水準 0.05 よりも小さいので有意です。すなわち、3種類のチーズの好ましさには、差が認められるという結論になります。

■JMP の活用上の注意

この例題は、「チーズ」と「好ましさ」という 2 つの変数の関係を解析することになるので、JMP では、[二変量の関係] を選ぶことになります。

このとき、「チーズ」は名義尺度、「好ましさ」は順序尺度として、解析を行います。名義尺度と順序尺度の関係なので、カテゴリデータ同士の関係を見ることになります。

　このとき、JMP では、分割表の χ^2 検定が行われますので、Kruskal-Wallis の検定を行う
には、順序尺度である「 好ましさ 」を連続尺度に設定して解析する必要があります。

　この状態でメニューから [分析] > [二変量の関係] を選び、[目的変数] として
「 好ましさ 」、[説明変数] として「 チーズ 」と設定すると、分散分析が行われます。そ
のオプションメニューで [ノンパラメトリック] > [Wilcoxon 検定] と選ぶと、Kruskal-
Wallis の検定が実施されます。

付録

多重対応分析と Cochran（コクラン）の Q 検定

対応分析

　質的データ（カテゴリデータ）の分析手法の1つに対応分析と呼ばれる手法があります。この手法は、質的データで構成される2つの変数間の関係を、視覚的にとらえることを目的としています。2つの変数間の関係は分割表で整理することが多いので、対応分析は次の2つの観点で手法の目的を明示することができます。

① 　2つの質的変数の関係を視覚化する
② 　分割表の結果を視覚化する

　以下に具体例を示しましょう。次のような2つの質問を20人にして、次頁のようなデータが得られたとしましょう。

問1　　好きな食事　　　　　　1）和食　　2）洋食　　3）中華
問2　　好きなアルコール飲料　　1）ビール　2）ワイン　3）日本酒　　4）焼酎

　分割表とモザイクプロットを作成すると、次のようになります。

分割表

飲料

度数	ビール	ワイン	焼酎	日本酒	合計
中華	3	1	1	0	5
洋食	1	5	0	1	7
和食	2	2	1	3	8
合計	6	8	2	4	20

食事

回答者	飲料	食事
1	ビール	和食
2	ビール	中華
3	ビール	中華
4	ワイン	洋食
5	ビール	中華
6	日本酒	和食
7	ワイン	和食
8	ワイン	中華
9	ワイン	洋食
10	ワイン	洋食
11	ビール	和食
12	ワイン	和食
13	ワイン	洋食
14	ワイン	洋食
15	日本酒	和食
16	日本酒	和食
17	焼酎	和食
18	日本酒	洋食
19	焼酎	中華
20	ビール	洋食

このデータに対応分析を適用すると、次のような結果が得られます。

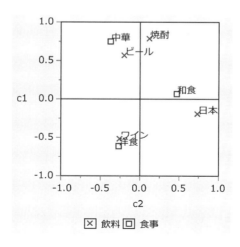

多重対応分析

さて、質問をさらに 2 つ追加した例を考えてみます。

問1	好きな食事	1）和食	2）洋食	3）中華		
問2	好きなアルコール飲料	1）ビール	2）ワイン	3）日本酒	4）焼酎	
問3	どちらの好みか	1）甘い	2）辛い			
問4	どちらが多いか	1）外食	2）自宅			

このときのデータ表が以下のように得られたとします。

データ表

回答者	飲料	食事	好み	場所
1	ビール	和食	甘い	外食
2	ビール	中華	辛い	外食
3	ビール	中華	辛い	外食
4	ワイン	洋食	辛い	自宅
5	ビール	中華	辛い	自宅
6	日本酒	和食	甘い	外食
7	ワイン	和食	甘い	自宅
8	ワイン	中華	辛い	自宅
9	ワイン	洋食	辛い	自宅
10	ワイン	洋食	甘い	外食
11	ビール	和食	甘い	自宅
12	ワイン	和食	辛い	自宅
13	ワイン	洋食	甘い	外食
14	ワイン	洋食	甘い	自宅
15	日本酒	和食	甘い	外食
16	日本酒	和食	辛い	自宅
17	焼酎	和食	甘い	外食
18	日本酒	洋食	辛い	外食
19	焼酎	中華	甘い	自宅
20	ビール	洋食	甘い	自宅

質的変数が４つあります。２つのときには対応分析が適用できますが、３つ以上になると、対応分析は適用できません。質的変数が３つ以上のときに使うのが多重対応分析です。

　多重対応分析の結果として、次のような布置図が得られます。

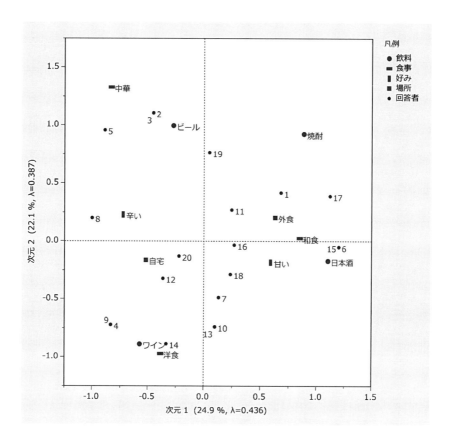

　４つの変数の各カテゴリと回答者（数字で表示）が２次元上にプロットされています。近くに位置するもの同士は同時に選択されていることを意味しているので、カテゴリ同士の関係や、カテゴリと回答者の関係、さらには、回答者同士の親近性などを視覚的に把握することができます。

01 型データ表の多重対応分析

アンケートにおける質問に、選択肢の中から2つ以上のものを選ぶことができるような形式を複数回答形式と呼んでいます。具体例を次に示します。

(問) 次のスポーツの中で観戦したいと思うものに○をつけてください。
2つ以上に○をつけてかまいません。
ラグビー　　　サッカー　　　野球　　　テニス　　　バレー

このようなアンケートの結果は○をつけていれば1、つけていなければ0として、データ表に整理するのが一般的です。30人に聞いたとすれば、次のようなデータ表になります。

データ表

回答者	ラグビー	サッカー	野球	テニス	バレー
1	0	1	0	0	0
2	1	1	0	1	0
3	1	0	1	0	0
4	1	1	1	1	1
5	0	0	0	0	1
6	0	0	1	0	0
7	1	1	1	1	1
8	0	0	0	1	1
9	0	1	1	0	0
10	0	0	1	0	0
11	1	1	1	1	1
12	1	1	1	1	0
13	1	0	0	0	0
14	0	1	1	0	0
15	1	1	1	1	0
16	1	1	1	1	0
17	0	1	1	1	1
18	1	1	1	1	1
19	1	1	0	0	0
20	1	0	1	1	1
21	1	1	1	1	1
22	0	0	1	1	1
23	1	1	1	0	0
24	1	1	1	0	0
25	0	0	1	0	0
26	0	1	1	0	1
27	1	1	1	0	0
28	1	1	1	1	1
29	0	0	1	1	1
30	0	0	0	1	0

この表の1と0を数値ではなく、カテゴリとして考える、すなわち、名義尺度とすることで、多重コレスポンデンス分析を適用することができます。

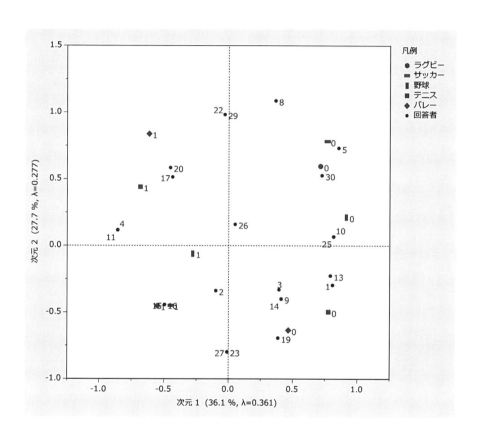

Cochran（コクラン）の Q 検定

　複数回答の結果に対して、「選択肢間で選ばれる割合に差があるかどうか」を検定したいという場面が生じることがあります。この目的に使われる検定手法として、Cochran（コクラン）の Q 検定と呼ばれるものがあります。これは「対応のある 3 つ以上の比率の差の検定」という言い方をすることができます。もしも、2 つであるならば、2×2 分割表の解析手法の 1 つとしても使われる McNemar（マクネマー）検定を適用することができます。しかし、3 つ以上になると（この例では 5 つ）、McNemar の検定を使うことはできず、Cochran の Q 検定を適用することになるのです。JMP では多重コレスポンデンス分析の一連の流れの中で、この検定を実施することができるようになりました。

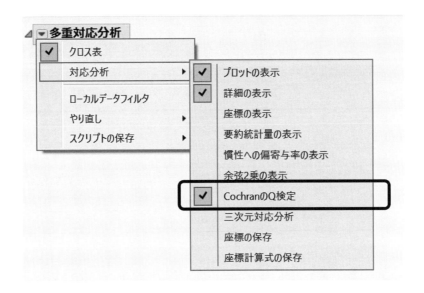

検定の結果は以下のように得られます。

CochranのQ検定		
Q	自由度	p値(Prob>ChiSq)
9.200	4	0.0563

p 値＝0.0563　＞　0.05

ですので、この例ではスポーツの間で選ばれる割合に差があるとはいえないという結論が得られます。

主成分分析と対応分析

　この付録で紹介した複数回答の結果として得られる01データ表は、テキストマイニングの世界でも登場します。文章の中にある言葉があるときは1、ないときは0と表現するからです。

　さて、このような01型データ表は、多重対応分析による解析のほかに、1と0をそのまま数値として主成分分析による解析と、この表を分割表としてみることで単純な対応分析による解析も可能であることを記しておきます。

主成分分析の結果

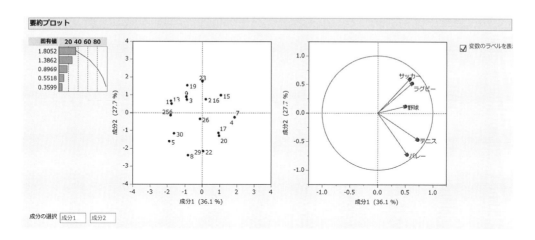

対応分析の結果

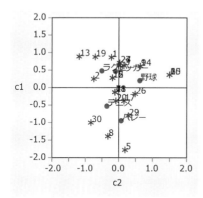

● 参考文献 ●

［1］ 内田　治『すぐわかる EXCEL による統計解析（第2版）』東京図書（2000）

［2］ 内田　治『すぐわかる EXCEL によるアンケートの調査・集計・解析（第2版）』東京図書（2002）

［3］ 内田　治『すぐに使えるRによる統計解析とグラフの活用』東京図書（2010）

［4］ 内田　治『すぐわかる SPSS によるアンケートのコレスポンデンス分析』東京図書（2006）

［5］ 内田　治『すぐわかる SPSS によるアンケートの多変量解析（第3版）』東京図書（2011）

［6］ 内田　治『すぐわかる SPSS によるアンケートの統計的検定』東京図書（2011）

［7］ 内田　治『すぐわかる SPSS によるアンケートの調査・集計・解析（第6版）』東京図書（2019）

［8］ 原・海野『社会調査演習』東京大学出版会（1984）

［9］ 辻・有馬『アンケート調査の方法』朝倉書店（1987）

［10］ 広津千尋『臨床試験データの統計解析』廣川書店（1992）

［11］ 丹後俊郎『臨床検査への統計学』朝倉書店（1986）

［12］ Per Lea, Tormod Naes, Marit Rodbotte : Analysis of Variance for Sensory Data, John Wiley & Sons Ltd.（1997）

［13］ Mildred L. Patten : Questionnaire Research A Practical Guide, Pyrczak Publishing（1998）

［14］ Derek R. Allen and T. R. rao : Analysis of Customer Satisfaction Data, American Society for Quality（1998）

索 引

───────●数字・欧字

01 型データ	155
01 型データ表	163,171
2×2 分割表	99
2×2 分割表に関する検定	258
4 分位点	41
95%信頼区間	39,49,238
Correspondence Analysis	163
Excel アドイン	30
Excel によるデータの入力	26
Fisher の正確検定	259
F 検定	247
F 値	205
H_0	137,236
H_1	137,236
Kruskal-Wallis の検定	263
L×M 分割表	99
Levene の検定	247
Mahalanobis の距離	147
Mann-Whitney の検定	247
Pearson の χ^2 検定	102
p 値	128,195,224,237,240,259
R^{*2}	193
R^2	180,192
Stanley Smith Stevens	3
t 検定	128,241,253
t 値	195
t 分布	241

Wald の検定	224
Welch の t 検定	253
Wilcoxon の順位和検定	247,253
Wilcoxon の符号付き順位検定	252,253
χ^2 検定	102,259
χ^2 乗値	224

───────●ア行

アイテム・カテゴリ型データ表	163,266
値のラベル	19
一変量	4
一変量解析	4
因果関係	83
因子負荷プロット	156
因子負荷量	158
円グラフ	10,71
オーバーラップマーク	127

───────●カ行

カイ 2 乗検定	102
回帰係数	136
回帰式	136,177
回帰式の有意性と寄与率	136
回帰直線	177
回帰分析	134,175
解の一意性	209
仮説	137
仮説検定	234

片側仮説	237	散布図の形	95
カテゴリデータ	2,3,67	サンプル	234
カテゴリカル変数	4	視覚的まとめ方	37
カテゴリの比率	98	実測値	179
間隔尺度	3	質的データ	2
帰無仮説	137,236	質的変数	4,155
行スコア	167	重回帰分析	177,190
寄与率	137,180,192	従属変数	177
区間推定	238	自由度調整済み寄与率	193
グラフ	10	自由反応型データ表	163
クロス集計	99	主成分スコア	153
クロス集計表	23,99	主成分の数	155
欠測値	67	主成分負荷量	158
決定係数	193	主成分分析	150
検出力	238	順位相関係数	86
検定	125	順位相関係数の表示	89
検定の種類	239	順序尺度	3,18,263
検定力	238	順序尺度の扱い	123
誤判別率	221	真の平均	39
固有値	157	信頼区間	127
固有ベクトル	153,157	信頼率	238
コレスポンデンス分析	107,163	水準	67
混同行列	221,227	数値的まとめ方	37
		数値変数	4
————●サ行		数量データ	2,3
最小2乗法	178	数量化理論Ⅲ類	163
最小値	37	スティーヴンズ	3
最大値	37	ステップワイズ法	201,228
差の95%信頼区間	251	正解率	221
残差	178	正規分位点プロット	49
残差の標準偏差	180,207	正規分布	40,52,253
三次元散布図	11,159	正の相関	83,84
散布図	10,83	切片	177,190
散布図行列	11,146,211	説明変数	6,177
散布図の応用	91	尖度	52

総当たり法	200
相関関係	83
相関行列	144,155,211
相関行列から出発する主成分分析	154
相関係数	85
相関係数の表示	88
相関のカラーマップ	147
相関分析	83
層ごとの散布図	94
層別	33,57
層別散布図	93
測定尺度	3,18
測定尺度の水準	3

──────●タ行

第1種の過誤	238
第2種の過誤	238
対応のある t 検定	253
対応のある標本	251
対応分析	107,155,163
対立仮説	137,236
対話型変数選択法	201
多重共線性	191,210
多重対応分析	266
多重ロジスティック回帰分析	218
多変量	5
多変量解析	5
多変量データ	144
ダミー変数	190,196,218
単回帰分析	177
単変量解析	4
逐次変数選択法	201,228
中央値	37
直線回帰	177
直線の95%信頼区間	179

定数項	177,190
データの特定	105
データの標準化	154
適合度の指標	180
てこ比プロット	197
点グラフ	32
統計的モデル	8
統計量	37,85,236
等分散性の検定	247
特性要因図	11
独立	153
独立した2つの標本	245
独立変数	177
度数	22,39,46,67
度数軸	46
ドットプロット	10,126

──────●ナ行

二元表	99
二項検定	243
二項分布	243
二変量	5
二変量解析	5,80
入力層	274
ノンパラメトリック検定	247

──────●ハ行

箱ひげ図	41
外れ値	40,54
外れ値の検出	147
バブルプロット	11,111
ばらつき	37,39,40,125
パレート図	11
ひし形マーク入りのドットプロット	126
ヒストグラム	10,32,39

標準誤差	39
標準偏差	37,39
標本	234
比率	98
比例尺度	3
符号検定	252,253
2つの平均値の差に関する検定	253
2つの変数の解析	80
布置図	166,171
負の相関	83,84
プロット	49
分位点	37
分位点の計算	55
分割表	23,99
分割表の検定	257
分散	53
分散共分散行列	155
分散共分散行列から出発する主成分分析	154
分散分析	81,125,263
分散分析表	127
分布の形	40
平均値	37,38
偏回帰係数	190
偏差	39
変数	4
変数減少法	201
変数減増法	201
変数選択	200,228
変数増加法	201
変数増減法	201
変数の組合せパターンと解析手法	81
変数の統合	150
偏相関行列	145
偏相関係数	145
変動係数	53

棒グラフ	39,68
棒の数	47
棒の幅	47,48
母回帰	184
母回帰係数	194
母回帰式	184
母回帰式の区間推定	184
母集団	234
母集団の標準偏差	240
母数	236
母相関係数	236
母標準偏差	240
母分散	236
母平均	39,236
母平均の95%信頼区間	39
母平均の区間推定	128
母割合の区間推定	261

————●マ行

マハラノビスの距離	147
幹葉図	51
無相関	83,84
名義尺度	3,18
メディアン検定	253,263
目的変数	6,177
モザイク図	10,70,98

————●ヤ行

有意	127,234
有意確率	85,237,240
有意性検定	234
尤度比検定	224
要因解析	209
要約統計量	38
予測確率	222,227

予測区間	184
予測精度	193
予測値	179
予測値の信頼区間	184

──────●ラ・ワ行

両側仮説	237
量的データ	2
量的変数	4,155
累積確率プロット	50

累積寄与率	157,167
列スコア	167
連関係数	102
連続尺度	3,18,263
ロジスティック回帰分析	81,125,134,218
ロジスティック曲線	10,134
ロジット変換	134,218
歪度	52
割合	67

操作に関する索引

──────●欧字

Mahalanobis の距離	149
RMSE	180,207
Spearman の順位相関係数	90
Where 条件で選択	64
Wilcoxon 検定	249,264
Wilcoxon の符号付順位検定	255

──────●ア行

値ラベル	20
閾値 p 値	203,228
一変量の分布	34,43
円グラフ	72

──────●カ行

回帰の信頼区間	187
確率楕円	88
確率の計算式の保存	227
カラーマップ	149
環境設定	30
関連の指標	102
行の選択	64,92
行の凡例	93
グラフ	116
グラフビルダー	31
効果てこ比	183,199
個々の分散を用いた t 検定	129,249
個別の値に対する信頼区間	187
固有値	161

固有ベクトル	161
混同行列	227

●サ行
三次元スコアプロット	161
次元の選択	277
主成分分析	160
順序尺度	18
消費者調査	274
スケールの統一	59
ステップワイズ法	202,204,206
正規分位点プロット	49
説明変数	87
選択列を移動	25
相関	89
相関のカラーマップ	149

●タ行
対応のあるペア	254
対応分析	107,169
多重対応分析	274
多変量	89,148,214
多変量の相関	89,148,214
チャート	71
直線のあてはめ	187
積み重ねたデータ列	168,173
積み重ねて表示	45
積み重ねる列	24,168
データテーブル	14,31
手のひらツール	47
等分散性の検定	249
度数軸	46
度数の表示	46

●ナ行
二変量の関係	87,185
ノンパラメトリック	249
ノンパラメトリック相関係数	90

●ハ行
パーセント値ラベル	73
外れ値分析	149
バブルプロット	118
表示する最良モデルの数	207
標準最小2乗	183,199
負荷量行列	161
ペアごとの相関係数	149
平均/ANOVA/プーリングしたt検定	132,249
変数増減	203,228
偏相関係数行列	149
棒の間を離す	70
棒の幅の設定	47

●マ行
マーカー	93
幹葉図	51
名義尺度	18,20
名義ロジスティック	226
目的変数	87
モデル効果の構成	199
モデルのあてはめ	183,198,211
モデルの最大項数	207
元の列のラベル	168,173

●ヤ・ラ・ワ行
要約統計量のカスタマイズ	53
累積確率プロット	50
列情報	19
列の値によるマーカー分け	93

列の積み重ね	24,168
列の並べ替え	25
列プロパティ	20
連続尺度	18
割合の 2 標本検定	261

著者紹介

内田　治（うちだ　おさむ）

　現　在　東京情報大学総合情報学部環境情報学科 准教授

　著　書　『数量化理論とテキストマイニング』日科技連出版社（2010）
　　　　　『ビジュアル 品質管理の基本（第5版）』日本経済新聞社（2016）
　　　　　『SPSS によるロジスティック回帰分析（第2版）』オーム社（2016）
　　　　　『すぐに使える EXCEL による品質管理』東京図書（2011）
　　　　　『すぐわかる SPSS によるアンケートの多変量解析（第3版）』東京図書（2011）
　　　　　『すぐわかる SPSS によるアンケートの調査・集計・解析（第6版）』東京図書
　　　　　（2019）
　　　　　『JMP による医療・医薬系データ分析（第2版）』（共著）東京図書（2021）
　　　　　『JMP による医療系データ分析（第3版）』（共著）東京図書（2023）
　　　　　その他
　訳　書　『官能評価データの分散分析』（共訳）東京図書（2010）

平野綾子（ひらのあやこ）

　スタッツギルド株式会社データ解析コンサルタント
　株式会社テックデザイン嘱託研究員
　官能評価・アンケート調査・人事評価を中心に企業におけるデータの統計解析を指導・
　支援する。
　栄養士として病院へ勤務後、統計解析を学び、食品に関するデータの解析に従事。その
　後、人材開発・人事関連のコンサルティング会社にて、アンケート調査・人事評価デー
　タの解析を担当。

＊本書の執筆は、第1章から第3章を平野が担当し、第4章から第6章と付録を内田が担
　当しました。

JMP によるデータ分析　［第3版］

―統計の基礎から多変量解析まで―

2011年12月25日　第1版第1刷発行
2015年 9 月25日　第2版第1刷発行
2020年10月25日　第3版第1刷発行
2024年 6 月10日　第3版第3刷発行

著 者　内　田　　　治

平　野　綾　子

発行所　東京図書株式会社

〒102-0072　東京都千代田区飯田橋3-11-19
振替00140-4-13803　電話03(3288)9461
URL http://www.tokyo-tosho.co.jp/

ISBN978-4-489-02347-7

● R を、初心者でも使いやすくした R コマンダーで、簡単に解析したい人へ

R コマンダーで簡単！ 医療系データ解析

対馬栄輝 著　　B5 判変形　定価 3520 円　ISBN 978-4-489-02358-3

● 分析内容の理解と手順解説，バランスのとれた医療統計入門

SPSS で学ぶ医療系データ解析
第 2 版

対馬栄輝 著　　B5 判変形　定価 3520 円　ISBN 978-4-489-02258-6

● 解析手法のしくみと実際を 2 章構成で解説した実践的な本

SPSS で学ぶ医療系多変量データ解析
第 2 版

対馬栄輝 著　　B5 判変形　定価 3520 円　ISBN 978-4-489-02290-6

● 4 つのポイント "PECO" で論文を把握する

医療系研究論文の読み方・まとめ方
～論文の PECO から正しい統計的判断まで～

対馬栄輝 著　　B5 判変形　定価 3300 円　ISBN 978-4-489-02073-5

● データを生かすと大切なことが見えてくる

医療系データのとり方・まとめ方
第 2 版　　～実験計画法と分散分析～

対馬栄輝 著　　B5 判変形　定価 3520 円　ISBN 978-4-489-02361-3

● 「なぜ、統計学の知識に頼るのか？」の動機から分析手法まで解説

よくわかる医療統計
～「なぜ？」にこたえる道しるべ～

対馬栄輝 著　　A5 判　定価 3080 円　ISBN 978-4-489-02224-1